邹博士
话酒

白酒小百科

——

邹江鹏 编著

——

化学工业出版社
·北京·

本书主要介绍跟白酒有关的一些科普知识，涉及白酒香型分类特点、制曲、酿造、勾兑、酒体设计、储藏、包装、智能化生产、白酒品评、白酒命名、环境与酒质、真假白酒鉴别、酒文化、人物轶事等。

本书适合白酒企业营销管理人员、食品相关专业师生、对白酒感兴趣的普通群众阅读。

图书在版编目（CIP）数据

邹博士话酒：白酒小百科/邹江鹏编著.—北京：化学工业出版社，2019.11 (2024.1 重印)
ISBN 978-7-122-35168-5

Ⅰ.①邹… Ⅱ.①邹… Ⅲ.①白酒-基本知识 Ⅳ.①TS262.3

中国版本图书馆CIP数据核字（2019）第194549号

责任编辑：彭爱铭　　　　　　　　　　装帧设计：史利平
责任校对：杜杏然

出版发行：化学工业出版社（北京市东城区青年湖南街13号　邮政编码100011）
印　　装：北京天宇星印刷厂
710mm×1000mm　1/16　印张14½　字数225千字　2024年1月北京第1版第6次印刷

购书咨询：010-64518888　　　　　　　售后服务：010-64518899
网　　址：http://www.cip.com.cn
凡购买本书，如有缺损质量问题，本社销售中心负责调换。

定　　价：59.00元

邹江鹏博士是我非常喜爱的白酒达人，他在泸州老窖集团博士后工作站从事大数据智能调酒方面的研究，我作为他的导师也在为中国白酒智能化探索努力。虽然我是他的导师，但我们亦师亦友，从年轻的邹博士身上，我也学到了很多东西。在过去千百年的中国白酒酿造史中，酿酒大师、酿酒工匠大多凭着多年经验决定着酒品的优劣，而现在更多的要依靠科学、依靠大数据，大数据智能调酒恰逢其时，是白酒研发的一个新方向。邹博士虽然学历高，但也乐于做一个新时代的工匠，秉承工匠精神，在科学基本原理的指导下，一丝不苟、宁心静气地把产品和研究做到精细极致。这不仅是对产品的热爱，更是对产品质量的敬畏之心。邹博士不仅在产品开发、科学研究、企业经营上精益求精，在白酒科普上也做了大量工作。

从邹博士这本小百科中，我找到了白酒未来的美丽。这是一本融合邹博士深厚的理论功底和白酒厂多年实践，并结合产品的先进营销理念和对白酒的真知灼见，集编、研、创为一体的白酒小百科读本。该书既是邹博士作为酿酒工匠的成果汇报，也是值得白酒企业借鉴的问题解决方案，更是一个白酒专家的社会责任。细读小百科，可以悟到邹博士对中国传统白酒的忧虑、期盼，但更多的是科学思考与发展信心。我很喜欢这本书，也更愿意将这份喜欢推荐给朋友们，祝福中国白酒共享共赢于消费者的欢乐世界。

致谢江鹏，致敬读者。

泸州老窖集团有限责任公司董事长

2019.9.19

序 二

    白酒是中国独有的传统发酵酒精饮料，千百年来深受中国百姓的喜爱。白酒从中华民族的文化基因的表达载体，已经发展为食品工业中重要的经济支撑，成为物质和精神两种社会属性的独特结合体。过去酿出一瓶好酒完全依靠千百年来累积的宝贵经验，如今随着现代科学技术与理论的进步，中国白酒的神秘也逐步被揭开，从酿造的生态环境到工艺操作的经验，从白酒酿造微生物学、风味化学的科学内涵到影响品质、安全和效率的白酒酿造机理，都有比较深入的研究。邹江鹏博士作为一名高学历出生的现代白酒酿造工作者，他的新书《邹博士话酒：白酒小百科》通过朴实而又生动的语言，从文化、酿造、勾调等角度全方位系统地、深入浅出地为我们展示了中国白酒的科学层面知识。同时，对未来的发展方向也形成自己的独特见解。"明明白白地喝酒，喝明明白白的酒"，本书不仅为想要了解中国白酒的消费者打开了一扇窗户，同时还可以作为志在进入白酒领域的青年工作者的参考书籍。

    近年来，邹博士将白酒的自身酿造实践、管理和研究结合起来，专业地、职业地从事白酒的科学普及工作。将白酒的科技文化知识传授给普通大众，不仅能够让更多的消费者正确地了解和认识中国白酒的工艺与文化魅力，而且也是我们白酒酿造、科研工作者应尽的义务与责任，作为邹江鹏博士后的共同指导教师，欣然为本书做序。

徐岩

己亥年秋　于蠡湖畔江南大学

　　中国白酒的各种大事件，一直都是大众关注的，最近这几年年份酒、塑化剂、勾兑酒等问题经常被舆论推上风口浪尖，继而引发广大消费者对白酒行业的不信任。这个时候出现了一些所谓的"专家"，传播白酒加水辨别真假，拉酒线辨别好酒，火烧蓝色焰辨别好酒等伪科普。

　　除了这些伪科普声音，有时候又出现了另外一种极端声音，那就是中国白酒没有科技含量，老祖宗就是这么做的。这个观点也是极其危险的，且不说中国白酒属于多学科交叉，化学、生物、物理、文化、历史等学科都在与中国白酒打交道，仅仅就白酒中的微生物来说，直到现在也没有搞清楚，一直是一个神秘的黑箱。

　　事情就怕走向两个极端，一端说没有科技，一端又各种半吊子炫耀技术，中国白酒的真科普工作任重而道远。消费者希望了解更多的白酒知识，这时候需要我们真正的技术专家用浅显易懂而又不落时尚的话语，来让大家明明白白喝酒。

　　作为1981年出生的笔者，2007年考上了国家公派留学的资格，远赴法国南特大学留学，2010年回国后同时获得了法国南特大学和中国四川大学的两个博士学位，2017年进入泸州老窖集团与江南大学博士后工作站。同时又有幸在贵州、重庆等地白酒企业高管层历练，现在担任重庆诗仙太白酒业有限公司总经理，这些经历都使得笔者有着强烈的使命感，为更多的消费者普及真正的白酒知识，让大家不再被伪科普所误导，也不再被"白酒无科学"的论调所误导。

　　本书所收集的内容，为笔者近6年来所撰写的白酒科普文章，感谢淘最美酒、糖酒快讯、微酒、酒业家、云酒头条、凤凰网等媒体的分别采访和刊载。全书有诸如《品酒师是怎样练成的》《你为什么喝白酒会脸红上头》等白酒小知识，有诸如《清明时节谈酒的起源》《中国历代过年酒俗》等饮酒习俗篇,还有诸如《酱香型白酒研究与生产中的前沿科技》《如何能够实现大数据支撑智能调酒》等白酒科技智能化篇章。由于笔者水平有限,又均为业余时间所撰写,难免有不足之处,还望诸位读者不吝指正!

邹江鹏

2019 年 8 月

目 录

白酒科技智能化篇

白酒热点杂谈篇

白酒基础知识篇

一、品酒师是怎样炼成的?

我一直从事白酒的生产及质量检验、品评工作，经常会有朋友问我，品酒师是怎样炼成的? 其实我觉得，练习品酒就好像练武功一样，最好有一定的天赋，加上后天的勤奋努力，以及师傅的指点，那么就可以练就一身过硬的本领。我把品酒简化为五招，说给大家听听。

首先说说自身条件。记得小时候看《倚天屠龙记》，张无忌学太极拳法的时候，张三丰在大敌当前那么紧急的情况下进行演示，张无忌从忘了一半到全忘了，完全领会不需半日。这个就是天赋。品酒如学武，天赋就是指自身感官要比较敏锐，不能味觉、嗅觉迟钝。我当时训练的第一招就是五味，酸甜苦辣咸，朋友们会说这个谁不会? 呵呵，别急，这个训练是把盐配成 0.15g/100mL（家里喝汤盐浓度通常是大于 1g/100mL），柠檬酸配成 0.04mg/100mL，等等，通俗点说就是把味道稀释了很多倍，基本上已经尝不出来了，然后让你去辨别。第二招是酒度差，就是辨别酒度的差别，包括 5 度差、3 度差、1 度差等。5 度差就是把相差 5 度的酒拿来区分，例如五个样品 30 度、35 度、40 度、45 度、50 度排序，这个一般来说味觉比较敏锐的，几次练习就可以分出来了，无非是个刺激性大小的问题。天赋好，第一招、第二招容易练好，别忙，后面还有 3 度差、1 度差，这个就难了，靠的是后面要说的勤奋。

其次说说自身的勤奋。朋友们说了，我天赋不好怎么办? 这个可以参考《射雕英雄传》里面的郭靖。郭兄弟资质实在是不敢恭维，但是后来练成降龙十八掌，成为大侠，主要靠的是勤奋。天赋好的毕竟是少数，品酒师入门时可以靠天赋，要进一步达到精通就要勤奋了，这是练好第三招、第四招的要素。第三招是香型及质量差。中国白酒分为十二大香型，浓、清、酱、米香型衍生出十二大香型，基本香型比较好辨别记忆，但是衍生香型如特型（以四特酒为代表）就是浓清酱的结合，就需要勤加练习以记忆区分。质量差通俗说是区分出几杯酒的口感好劣，例如 5 杯酒，同为酱香，但是在放香、酒体协调度、醇厚度等方面有差异，要排出顺序来。我当时为了这个质量差，反复训练，甚至舌头都麻了，才略有所成。第四招是重现性和再现性。练习重现性，主要是考察我们的品评能力和记忆力，同样 5 杯酒，其中有 2 杯或 3 杯是相同的，我们要把 5 杯酒质量差排序，同时找出相同的酒样，例如排序 3>4=2>1>5。这里说个小故事，有一年国家评委考试，有一道题考重现性，然后一般人都品出了3杯相同的，有一个人品出了4杯相同，然而大家都没有答对，为何？因为老师出的题目是5杯都相同！所以，品酒这个除了考品评能力，也要考大家的智慧。再现性就更难了，比如要求我们能够把上午前几轮品过的某一杯酒，在下午的某轮次考试5杯酒中再次找出来，这个就需要勤奋加天赋了。

最后谈谈名师的指点。天赋、勤奋，都离不开老师的指点，练第五招更要依靠良师。第五招是酒体评分及评语。综合评定酒体的品质，是通过色香味格来打分的，比如色，酱香酒无色或微黄为满分，混浊扣0.5分，沉淀扣1分。香气，具有本品固有香气满分，放香小扣0.5分，香气不纯扣1分等。口味，后味短扣1分，淡薄扣2分，有异味扣3分等。风格，本香型风格不明显扣1分等。综合这些打分，我们可以得到酒体的最终得分。这里要说到，酱香酒的评语"酱香突出、优雅细腻、酒体醇厚、回味悠长、空杯留香"，这几个字还真的是需要老师来指点。我的老师当时告诉我，要想知道优雅细腻，就去体会丝绸的顺滑，这个也是最难领悟的。

品酒师的炼成除了以上这些，还有很多内容，比如风味化学理论、酒体设计、酿造工艺、勾兑知识等，博大精深。朋友们如果感兴趣，可以先练习这五招，然后再慢慢自己领悟，终能成为品酒高手。

二、颜色微黄的白酒都是陈年好酒吗？

最近陈年好酒炒得火热，也是致富的好门道，经常有朋友拿一些颜色微黄的白酒问我，这是不是陈年好酒？肯定很多朋友都有类似的疑问，那么我就来讲讲白酒的微黄到底是什么原因？白酒的质量主要通过理化指标和色香味格等感官指标来评定，颜色往往是人们第一眼看到白酒时候所关注的。

（一）到底黄不黄，白酒颜色国标怎么定的？

1. 白酒颜色到底有哪些标准？

第一类为无色或微黄色，有浓香型白酒、清香型白酒、凤香型白酒、豉香型白酒、特香型白酒、芝麻香型白酒、老白干香型白酒、浓酱兼香型白酒，例如五粮液酒、剑南春酒、口子窖酒、古井贡酒、水井坊酒、舍得酒、沱牌酒、互助青稞酒等。第二类为无色，有米香型白酒等，如桂林三花酒。第三类为微黄色，例如陈年贵州茅台酒、道光廿五贡酒等。所以，米香型白酒如果是颜色微黄，就表明品质是不合格的，并非是陈年好酒。这里特别提一下，国标也是在发展变化中的，比如说凤香型白酒，1994年的国标GB/T 14867—1994规定是"无色，清亮透明"，而到了2007年的国标GB/T 14867—2007则规定是"无色或微黄，清亮透明"。

2. 白酒微黄颜色是不是凭肉眼判定？

白酒色泽的检测，是不是就光凭借人的肉眼判定呢？其实，质检人员在检测白酒色泽时候，往往是依据产品所属的香型标准，参考其透光性，呈现的颜色视觉指标来判断。而真正白酒微黄的科学判定，还没有统一的方法，有人建议用0.1mg/mL的重铬酸钾标准液进行目测比色，也有人用亚铁氰化钾（黄血盐）配成不同浓度的水溶液，区别白酒的微黄、稍黄、较黄、淡黄、浅黄、棕黄、黄色等。一般人肉眼看到的微黄，实际上可能是在质检人员那里判定为稍黄甚至淡黄的。

（二）白酒微黄色，你从哪里来？

在介绍白酒微黄色的原因之前，请朋友们记住一个名词："美拉德反应"。记住这个名词，你就可以向白酒菜鸟们显示你的知识渊博啦！

1. 酿酒原料

白酒产生微黄色的来源可追溯到酿酒原料，如高粱原料中含有花黄素，当固态发酵的温度较高，发酵的时间较长，加上蒸馏后的原酒储存时间又较长时，白酒会呈现微黄色，这是一种情况。

2. 制酒过程中发酵

酱香型白酒在制酒过程中，一般是处在酸性环境中发酵，在发酵过程中可能有美拉德反应发生，生成1，2-烯醇化有色产物。美拉德反应是氨基化合物和还原糖化合物之间发生的反应，该反应是一个集缩合、分解、脱羧、脱氨、脱氢等一系列反应的交叉反应，生成多种酮、醛、醇及呋喃、吡喃、吡啶、噻吩、吡咯、吡嗪等杂环化合物，酱香型白酒的主体香味成分就是通过美拉德反应产生的。至今为止酱香型白酒的主体香成分都没有研究清楚，但是大家都公认美拉德反应与酱香型主体香产生密切相关。

3. 酒中酯类等

如酒中含有的酯类（高级脂肪酸酯类等）或杂醇油较多，或者存有类黑精色素，也可能出现类似的微黄色。

4. 储酒的容器

如用猪血、石灰、油料等裱糊的容器储酒时，白酒经过较长的储存（一般3年以上）后，存在于容器中的铁离子逐渐溶出而使白酒呈微黄色。

5. 长时间储存

入库原酒为无色透明，而出厂的成品酒则为微黄透明。这是由于原酒在较长的储存过程中，生成了一些联酮类化合物，比如茅台酒中含丁二酮 $2\sim8$ mg/100 mL，是一种黄色油状液体的物质；另外由于蒸馏出的基酒中有含羰基及氨基类的微量成分，它们同样可进行缓慢的美拉德反应，所以白酒微带黄色，随着陈酿时间的延长，酒的黄色还会加深。

（三）酒是黄的好，酒是陈的香？

刚蒸馏出来的新酒一般较暴辣、冲鼻，刺激性大，口感不醇厚柔和，但经一段时间储存后，酒体的辛辣味明显消除，且口味柔和、绵甜、芳香浓郁。这是因白酒在储存过程中将蒸馏过程带来的低沸点物质，如丙烯醛、硫化氢等大部分挥发掉，除去了不好的气味，减少了刺激，也减少了杂味物质。储存过程中伴随着一系列的氧化、还原、缩合等化学反应进行，这些反应同样对促进白酒的老熟，减少刺激，增加香味起着重要作用。例如，乙醛是白酒中典型的辛辣物质。在储存过程中，乙醛与乙醇分子缩合形成乙缩醛。乙缩醛在白酒中起到提香的作用，即将在白酒中的其他香味物质烘托出来，增加了白酒的香气、香味。这就是所谓的"酒是陈的香"的主要原因。

1. 并非所有颜色微黄的白酒都是陈年好酒

正常来说，白酒在储存过程中由于美拉德反应生成的烯醇化合物，以及其他反应联酮化合物的生成，都会产生微黄色，陈香味也增加。但是如果纯粮固态发酵的瓶装白酒，遇有碱性条件，又经长时间的阳光照射，也可能使酒呈微黄色，而酒的香味较差。如果酒醅接触到铁锈，也会生成一些黄色物质，蒸馏后带入酒中。如果白酒流经铁质的阀门或管道，或加浆用的是含铁离子较多的水，然后稍经存放时日，或者暂储于铁质的容器等，都会出现比微黄更深的淡黄色或黄色。随着时间的延长，铁离子增多，黄色将逐渐加深，因为，酒中铁离子的含量与白酒呈现的黄色色调成正比关系。

2. 并非所有的酒都是陈年的香

从品质属性来讲，好的白酒的确是存放时间越长，口感、质量会越好，特别是好的酱香型白酒，即使存放超过十年以上，也会越来越优雅细腻，色泽微黄甚至淡黄。但是如果酒体本身香气较差或邪杂味重，即使经过长期储存，色泽呈微黄色，质量也不会上档次，也难步入好酒的行列，甚至有的酒精度下降，品质会变差。特别是目前有些低档白酒，在勾兑过程中添加了香味剂，这类酒更不能长时间存放。从品牌属性来讲，名酒厂的陈年老酒因为历史、文化、工艺大师的积淀和背书，赋予了其品质之外的更多价值。

实际上整体判定酒的品质等级，色泽只占了很小的分值，一般在100分里面，颜色只占 5 分，其余香气、口味、风格、酒体占了 95 分，而口味这一项更是占了 50 分，所以朋友们不能只凭借颜色来判定酒的品质好坏。

（四）你所不知道的白酒微黄色制造方法

白酒的微黄色如果是在生产储存过程中正常产生的，则是好酒的体现。但是现在有些小酒厂利用人们对陈年好酒微黄透明色泽的偏好，在低质酒中采用不正当手段添加罗汉果、沙棘黄、甜黄素等物质；还有使用加入大量铁离子的猪血、石灰、油料等裱糊的容器储存酒，铁离子逐渐溶入白酒中，这些都能在一定程度上使白酒呈现微黄色。

还有一种方法是在勾兑中使用调味酒使酒体呈微黄色。这种调味酒是将优质黄色曲药浸泡在基酒中形成。使用时取泡好的酒的上层液与其他基酒进行勾兑，使酒体呈微黄色，同时增加曲香。这也表明并不是微黄色的酒都是陈年老酒。

三、新手、高手、专家分别是如何辨别真假酒的?

前不久我讲了颜色微黄的白酒并不全都是陈年老酒,最近有更多的朋友开始问我另一个问题:我们买的酒到底是不是真的? 其实要鉴定白酒的真伪,有很多方法,现在我们来看看新手、高手、骨灰级专家是如何鉴定真假酒的。

(一)新手鉴定方法

1. 看外盒

在买酒时一定要认真综合审视该酒外盒的商标名称、色泽、图案以及标签、合格证等方面的情况。好的白酒其外盒的印刷是十分讲究的,纸质精良白净,字体规范清晰,色泽鲜艳均匀,图案套色准确,油墨线条不重叠。真品包装的边缘接缝齐整严密,没有松紧不均、留缝隙的现象。

2. 看瓶盖

名优白酒的瓶盖现在大都使用防盗盖,其特点是用材较好,制作精良,盖体光滑,形状统一,用手一扭即断,盖上图案、文字整齐清楚,封口严密。而假冒产品的瓶盖多为手工制作,封口不严,时有漏酒现象,盖口不易扭断,图案文字不清晰,且有脱落现象。

3. 看瓶型

这个主要是针对茅台、五粮液、泸州老窖等独具特色的瓶型。如茅台酒多年来一直使用乳白色圆柱形玻璃瓶,瓶身光滑,无杂质;泸州老窖特曲使用的是异形瓶,瓶底有"泸州老窖酒厂专利瓶"字样。假酒则酒瓶瓶形高低粗细不等,封口不严或压齿不整齐。

4. 看酒色

若是无色透明玻璃瓶包装,把酒瓶拿在手中,慢慢地倒置过来,对着光观察瓶的底部,如果有下沉的物质或有云雾状现象,说明酒中杂质较多。如果酒液不失光、不浑浊,没有悬浮物,说明酒的质量比较好。若酒是瓷瓶或带色玻璃瓶包装,稍微摇动后开启,同样观其色和沉淀物。

5. 看油溶

在酒中加一滴食用油，看油在酒中的运动状况，如果油在酒中的扩散比较均匀，并且匀速下沉，则酒的质量较好；如果油在酒中呈不规则扩散状态，且下沉速度变化明显，则可以肯定酒的质量有问题，属于伪劣产品。

（二）高手鉴定方法

1. 包装物印刷防伪

激光全息防伪，激光全息防伪标识就是记录有代表某种商品的特定图案及文字的全息图。激光光刻防伪，在酒经收缩膜包装以后，用激光光刻机将字符或图案印在收缩膜与包装瓶上。水印技术，水印商标、厂名是在造纸过程中形成的，难以仿制。

2. 电话防伪

它采用的是密码防伪的办法，即在防伪标识上隐藏一组密码，消费者刮开防伪标识就可以看到这组密码，然后拨通查询电话，键入密码，就可以瞬间与全国联网的数码中心核对，电脑语音答复是否为真品。大多数白酒企业都使用这种手段。

3. 二维码防伪

二维码的追踪溯源功能，在生产环节中将酒的生产日期、原料、保质期、原产地生成二维码，从而实现在生产、销售和使用环节的验证。当酒到达零售终端市场后，零售客户用零售终端信息系统即可识别产品包装上的二维码，读出酒出厂信息和零售客户订单信息，流通到消费者手中后，消费者通过手机客户端识别软件可获取该酒的流通渠道信息及真伪识别服务。

4. RFID 射频防伪

终极防伪技术要采用 RFID 和 NFC 非接触射频识别技术，茅台、五粮液就用 RFID。RFID 用于防伪，从芯片层面就无法复制，再加上芯片可写入厂家独特的数字签名，写一次芯片就变成只读标签，彻底防伪。而消费者只需要用自己 NFC 手机读一下标签，防伪信息和物流跟踪信息就清清楚楚列出来了。

（三）专家鉴定方法

1. 近红外光谱与气相色谱相结合的方法

茅台集团的王莉等以2004年11批出厂茅台酒作为建立茅台酒指纹模型建模样品，三十个2004年生产四轮次酒样品和21个其他酱香型样品（包括郎酒、国台、金沙回沙酒、珍酒、茅台当地产酱香型酒样品）作为比较样品，首先建立茅台酒近红外光谱指纹图，应用近红外光谱比较便捷快速的特点对真假茅台酒做出风格相似性判断；然后应用毛细管柱进行色谱分析，建立主要成分的指纹数据，并将色谱分析数据应用化学计量软件进行处理，建立茅台酒气相色谱指纹图，再利用气相色谱指纹模型对样品进行特征性判断；最后经过专家感官品尝做出最后鉴定。结果发现仪器鉴定的和专家感官品尝的结果一致。

通俗点说就是，用仪器扫描茅台酒和其他酱香酒的成分，然后建立数学模型，结果如图1所示，茅台酒布点都集中在一个圈圈范围内，而其他酱酒处于另外一个圈圈内。那么就很容易判定茅台酒的真假。至于如果要判定其他酱酒的真假，则需要进一步测试建立数学模型。鉴定真假茅台酒的流程如图2所示。

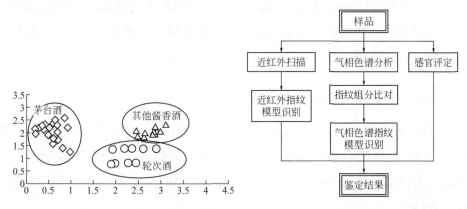

图1　茅台酒气相色谱指纹模型建模结果　　　图2　鉴定真假茅台酒的流程

2. 单光子电离飞行时间质谱法

东华理工大学的欧阳永中等利用单光子电离飞行时间质谱法（SPI-TOF-MS），结合主成分分析（PCA），在无须样品预处理的条件下，建立了快速准确鉴别酒类样品真假的方法。同时，利用光电子电离质谱法（PEI-TOF-MS）对SPI-TOF-MS的准确度和可靠性进行了验证。结果表明，本方法不仅能快速实现对茅台、劲酒等5种不同品牌酒的真假区分，还可以对影响酒的品质的特征物质进行分析和鉴定。与其他离子化技术相比，单光子电离源（SPI）作为一种"软"电离源，更容易产生离子峰，图谱更简单。因此，本方法有望应用于市场上酒类饮品的真假鉴别及品质的鉴定，对于快速筛选伪劣酒类产品有着重要的应用价值。

3. 品酒大师的鉴定方法

这个靠的是大师们多年修炼的品酒能力，对于酒的色香味格进行评定，观其色，闻其香气，辨别香气的高低和香气特点；品其味，喝少量酒并在舌面上铺开，分辨味感的薄厚、绵柔、醇和、粗糙以及酸、甜、甘、辣是否协调，有无余味。这个是最难的，属于骨灰级中最高级别。

四、仅凭加水就可以鉴定真假酒？

最近网络上有很多流传的所谓鉴别粮食酒方法，很多人问我是否通过加水后观察浑浊现象就能判定是否粮食酒，指出"浊变的"为粮食酒，"不浊变的"就是"酒精酒""假酒"。那么我就来给大家讲讲这个事情，同时给大家说下科学鉴别白酒真假的方法。

（一）高度酒和低度酒的定义

根据国家标准GB/T 10781.1—2006《浓香型白酒》中规定，高度酒酒精度为41～68度，低度酒酒精度为25～40度。根据国家标准GB/T 26760—2011《酱香型白酒》中规定，高度酒酒精度为45～58度，低度酒酒精度为32～44度。

（二）加水是否浑浊并不能判定是否粮食酒

我国传统粮食酿造白酒中高级脂肪酸酯在常温下，易溶于乙醇，而不溶于水，但一旦加水降度后，特别是酒精度降到45度以下，则高级脂肪酸酯（特别是棕榈酸乙酯、油酸乙酯、亚油酸乙酯）易从酒体中析出来，形成浑浊，也就是所谓的加水变浑浊。但是仅仅凭借加水变浑浊与否，来判定是否粮食酒，是不科学的。2015 年 11 月 20 日至 22 日，西安营养学会做过公众比对试验，采用在市面上购买了 6 种不同品牌度数的酒，然后在酒体里面加水的方法，结果显示：①若酒的度数较低，粮食原酒含量不高，也不易呈现出浑浊状态；②若酒精勾兑酒中，高级脂肪酸酯一类的添加剂含量较高的情况下，也可能出现加水后浑浊状态；③还有一种情况，某些厂家在去除陈年老酒塑化剂和进行精密过滤的时候，也会连带去除了酒体中部分高级脂肪酸酯，出厂的成品酒也不会加水变得浑浊。所以网传此种实验方法来判断是否是酒精酒或者假酒并不准确。

五、如何用膜技术让白酒加水不浑浊？

原酒在加浆降度、降温或者暴露于空气中时出现浑浊现象，主要有以下两种原因：一是 3 种高沸点溶于醇而不溶于水、性质不稳定的高级脂肪酸乙酯（棕榈酸乙酯、油酸乙酯、亚油酸乙酯）在酒精度降低过程中溶解度降低析出；二是杂醇油随酒精度降低，溶解度下降析出。另外，水质硬度高、金属离子也能引起降度时白酒的浑浊、失光。要想使酒体清亮，就必须从酒体中将这些物质除去。近年来，膜技术逐步应用于酿酒行业，特别在低度白酒的除浊应用中，不但能使酒体中浑浊的物质除去，还不影响酒的风味，越来越受到各酒厂的重视。

1. 复合微滤膜在降度白酒除浊中的应用

复合微滤膜由纤维、活性炭、硅藻土和成膜剂组成。在微滤膜生产工艺过程中，纤维交织的三维网状结构组成微滤膜的骨架，活性炭、硅藻土吸附在纤维上，沉淀在纤维间，整个滤膜充满纵横交错的小孔道，成膜剂将纤维与活性炭硅藻土形成的结构进行固定，使其能承受和传滤压力。在复合微滤膜过滤低度白酒的生产过程中，必须有一定的压力，这种压力保证了复合微滤膜功能吸附是一种深层吸附，每一个大大小小的微孔都在吸附，保证了低度白酒除浊的彻底和完全。2001 年，四川全兴股份有限公司的赖登烊等将 64 度基酒降至 28 度后用复合微滤膜过滤后，在零下 18℃冷冻一周不浑浊，口感柔和，无水味，纯净香甜，各项理化指标也符合产品质量标准。此外，朱剑宏等于 2001 年应用国内新研制的活性炭复合微滤膜，有效滤除了白酒因降度而产生的白色浑浊物，还能有效去除或减少酒的苦味、辛辣味及杂味，使口感醇和。

2. 超滤膜在降度白酒除浊中的应用

超滤膜无论是板框式还是中空纤维式，其膜的表面都密布着纳米级的微孔。酒液在驱动力的作用下，通过膜的微孔将溶液中的物质进行分级筛选，达到去浊分离的目的。早在1995年，孙荣泉就将超滤技术应用于低度白酒的除浊研究，并初步探讨了工艺流程、结构设计、操作参数等对超滤器性能的影响；朱志玲等采用中空纤维式超滤技术消除了白酒因降度后出现的浑浊、失光现象，并进行了经济效益的分析，表明过滤效果好，运行成本低；史红文等将无机（陶瓷）膜超过滤组件应用于白酒除浊并确定了最佳工艺条件，具有工艺简单、效果好、能耗低等优点，且易于控制膜污染，具有很好的市场前景。邓静等2006年比较了酒类专用炭、玉米淀粉、膜过滤在白酒降度过程中降低浑浊物含量的效果，结果表明，酒类专用炭和膜过滤处理白酒效果较好，将两者结合起来用既经济，效果又好。最佳方法是将基础酒降度之前先进行膜过滤，再与用酒类专用炭处理后的基础酒混合，最后通过膜过滤。所得酒液口感协调，能保持原有风格。

六、如何在酒桌上做到不醉？

有很多朋友向我倾诉，经常要应酬，喝酒是必不可少的，那么如何做到不醉，下面我来和大家说说。

1. 解酒的原理是什么？

估计有很多朋友都看过一些解酒的文章或书籍，但是有没有人真正知道各种方法到底是怎么解酒的？其实根据乙醇在体内的代谢特点，可将解酒物的解酒机理分为乙醇胃肠吸收抑制剂和代谢增强剂，通俗说就是不让酒精吸收到肠胃和加强肝脏代谢乙醇两种方法。乙醇胃肠吸收抑制剂的解酒机理是抑制酒精在胃肠道内的吸收，从而降低血液中乙醇浓度，减轻乙醇对机体的损害。代谢增强剂的解酒机理是直接作用于肝脏代谢酶系，加速乙醇及其代谢产物的消除速率，减轻其对组织和细胞的损伤。

2．怎样避免醉酒？

（1）饮前防范免醉酒　凡事预则立，不预则废，喝酒也是如此，在喝酒前做点小小的防护工作，可以大大减少醉酒的机会。

① 于喝酒前半小时服用适量牛奶或酸奶，牛奶或酸奶在胃壁形成保护膜，减少酒精进入血液到达肝脏。

② 饮酒前喝一杯芹菜汁可以预防醉酒，对肠胃功能较弱者尤其适用。

③ 酒前半小时服用高浓度膳食纤维素片，服用后需要饮足量白开水，纤维素遇水后迅速膨胀，释放出大量阳离子可以把酒精包裹起来不进入消化循环直接排出体外，减少酒精对肝脏和身体的伤害。

④ B族维生素、维生素C具有一定消化和分解酒精的作用，饮酒前一次口服维生素C片6～10片，可预防酒精中毒。复合维生素B也比较有效，事前服用10片。

（2）饮中搭配控解酒　饮酒前如果没有能够做好预防措施，那么就在饮中合理选择食物来控制醉酒。

① 就餐时适当吃些肉类、鸡蛋和油脂等，可以帮助调理好身体的部分功能，胃也因为蒙上薄薄的一层保护膜，防止酒精渗透胃壁。

② 饮酒时候多以豆腐类菜肴作为酒菜，因为豆腐中的半胱氨酸可促进体内的乙醇迅速排出。

③ 餐桌上的蔬菜，如萝卜、白菜、芹菜、藕等都是很好的解酒配菜，可以防止醉酒。

④ 各类水果拼盘要多吃，水果有助于解酒。

（3）饮后对症巧解酒　中国的食疗具有博大精深的内涵，所以用一些所谓的土方子，往往能够达到意想不到的解酒效果，下面介绍下十种解酒的方法。

① 生梨解酒。吃几个梨或将梨去皮切片，浸入凉开水中10分钟，吃梨饮水，可解酒。或取雪梨2～3个洗净切片捣成泥状，用纱布包裹压榨出汁饮服。

② 马蹄解酒。取马蹄（即荸荠）10多只洗净捣成泥状，用纱布包裹压榨出汁饮服（此法最适宜于饮用烈性酒醉患者）。

③ 甘蔗解酒。将洗净除皮的甘蔗，切成小段榨汁饮用，有解酒作用。

④ 饮萝卜汁水。用生白萝卜500克，洗净榨汁，每次一杯，饮2～3次，

有解酒和消酒之功效。

⑤ 饮浓米汤。浓米汤里含有多种糖及 B 族维生素，有解毒醒酒之功效，如加适量白糖效果更好。

⑥ 蛋清解酒。将生鸡蛋清、鲜牛奶、霜柿饼各适量煎汤，可消渴、清热、解醉。

⑦ 皮蛋醒酒。醉酒时，取 1 ~ 2 只皮蛋，蘸醋服食，可以醒酒。

⑧ 茶叶醒酒。醉酒后可饮茶，茶叶中的单宁能解除急性酒精中毒，咖啡碱、茶碱对呼吸抑制及昏睡现象有疗效。

⑨ 橘汁醒酒。酒后出现头晕、头痛、恶心呕吐，可吃几个橘子或饮用鲜橘汁即可醒酒。

⑩ 糖水醒酒。取适量白糖用开水冲服，有解酒、醒脑的作用。

七、能否给"勾兑"技术正名？

在讲今天的白酒勾兑技术之前，我先提一系列问题，好酒与好酒混合得到什么酒，差酒和好酒混合得到什么酒，差酒和差酒混合得到什么酒？有勾酒机器人么？别忙着回答这些问题，请看完下文。

1. 白酒勾兑谈之色变？

多数白酒消费者，往往听到"勾兑"，就马上变了脸，甚至唯恐避之不及。为什么呢？因为他们以为勾兑就是酒精和水兑成酒，甚至是假酒。事实上，你喝到的每一种蒸馏白酒，包括茅台、五粮液，都属于勾兑酒，因为没有勾兑，就成不了你喝到的白酒。

为什么这么多人如此害怕"勾兑"呢？这是因为在二十世纪九十年代，山西曾经发生工业酒精勾兑白酒的大案，导致很多人喝了之后死亡，从此原本属于白酒正常生产工艺的"勾兑"被妖魔化，以至于大家谈之色变。

目前国家认可的白酒生产方法有 3 种：以粮谷等原料，经陈酿、勾调而成叫固态法；以含淀粉、糖类物质为原料，采用液态糖化、发酵、蒸馏所得的"基酒"（或食用酒精），再通过添加食品添加剂调味调香，勾调而成叫液态法；以固态法白酒不低于 30%、液态法白酒勾调而成的为固液法。以茅台、五粮液为首的名优白酒实际上都是固态法的产物，强调以酒勾酒，不添加任何酒精。

即使是液态法和固液法生产的白酒，也基本都是用粮食酒精勾兑出来的，而工业酒精的来源是石油在催化剂和高温条件下，裂化长链有机化合物而得到的乙醇，其中加入了一定含量（国家规定范围内）的甲醇等一些有毒物质。国家对工业酒精的勾兑酒查处得很严格，因为工业酒精对人体伤害很大，一般正规厂家是不会冒险做那样的事情的。

所以知道了这些，朋友们大可不必谈勾兑而色变。

2. 勾兑是个啥东西？

所谓勾兑，主要是使酒中各种微量成分以不同的比例兑加在一起，使分子间重新排列和结合，进行补充、谐调、平衡，烘托出主体香气和形成独特的风格特点。通俗点说，白酒在生产过程中，将蒸出的酒和各种酒互相掺和，这个就称为勾兑。这是白酒生产中一道重要的工序。白酒的勾兑包括勾兑基础酒和调味两个基本的过程。

（1）勾兑基础酒　因为生产出的酒，质量不可能完全一致，勾兑能使酒的质量差别得到缩小，质量得到提高，使酒在出厂前稳定质量，取长补短，统一标准。勾兑好的酒，称为基础酒，质量上要基本达到同等级酒的水平。勾兑酒的作用，主要是使酒中各种微量成分配比适当，达到该种白酒标准要求或理想的香味感觉和风格特点。由于有了勾兑这一工序，各种杂味酒可以用作调味酒，尤其是苦、酸、涩、麻的酒。后味苦的酒，可以增加酒的陈酿味。后味涩的酒，可以增加酒的香味，可作带酒、搭酒。还有一些有焦煳味的酒，有酒尾味的酒，以及有霉味、丢糟味的酒，如果这些酒异味较轻微而又有其特点，也可作为搭酒，少量用以勾兑，可增加酒的香气。

（2）调味　调味是对勾兑后的基础酒的一项加工技术。调味的效果与基础酒是否合格有密切的关系。如果基础酒好，调味就容易，调味酒的用量也少。调味酒又称精华酒，是采用特殊少量的（一般在 1/1000 左右）调味酒来弥补基础酒的不足，加强基础酒的香味，突出其风格，使基础酒在某一点或某一方面有较明显的改进，质量有较明显的提高。白酒调味的作用可归纳为三种：添加作用、化学反应作用和平衡作用。调味前对基础酒必须有明确的了解，要选择好调味酒，预先做小样试验。调味后的酒还须再储存 7～15 天，然后再经品尝，确认合格后才能包装、出厂。调味酒的种类很多。单独品尝调味酒时，常常感到味怪而不谐调，容易误认为是坏酒。调味酒的种类、质量、数量与调味效果也有密切的关系。酒的勾兑和调味都需要有精细的尝酒水平，尝评技术是勾兑和调味的基础。

3. 勾酒机器人，这个有没有?

勾酒技术是勾兑师傅的经验积累，往往靠人的感官去评定调整，所以勾兑师是一个企业的核心。但是由于勾兑师受环境、心情、身体等影响，勾酒的水平往往不是恒定不变的，这个时候就需要由人向机器过渡。实际上机器人勾酒通俗说来，就是由计算机对基酒勾兑和调味进行过程模拟，达到人为勾兑的效果。

基酒勾兑，运用气相色谱仪测量半成品酒的微量化学成分，并通过品尝评价其质量，采用勾兑过程数学模型和最优化方法对各种半成品酒的用量进行最优化计算。在满足基础酒质量标准的前提下，最大限度地使用档次低的半成品酒，获得使基础酒经济指标最佳的勾兑方案的半成品酒的用量比例，从而提高经济效益。

采用人工智能专家系统知识获得方法和知识表达方式，系统地科学地总结勾兑师的调味经验，形成调味专家系统的知识库。通过专家系统工具编制调味专家系统软件使计算机能够针对基础酒中出现的香气和口味上缺陷，模仿勾兑师进行思维、推理、判断和决策等工作，得到合理的调味方案和调味酒组合。

其实中国的白酒企业，早就实现了计算机勾兑的运用，例如五粮液于1987年3月27日通过了专家鉴定，专家认为五粮液酒计算机勾兑专家系统所实现的微机调味，已达到人工调味水平，保持了五粮液的风格。

八、为什么喝白酒会脸红上头?

为什么喝白酒会脸红上头? 如何让白酒变得不上头? 解酒的方法和误区是什么?

(一)为什么喝白酒会脸红上头?

1. 为什么有人喝酒会脸红?

白酒进入体内后是通过三种方式代谢和排出的: ①从肺呼出和由皮肤汗腺

排泄；②经肾随尿排泄；③肝脏分解。其中肝脏分解是主要形式，约95%的酒精是通过肝脏内的两套解酒酶的作用被氧化代谢的。第一套酶是乙醇脱氢酶和乙醛脱氢酶，第二套酶是微粒体乙醇氧化酶。酒精最终被氧化成二氧化碳和水。二氧化碳从肺被呼出，水从肾脏被排出。喝酒脸红的人是只有乙醇脱氢酶没有乙醛脱氢酶，所以体内迅速累积乙醛而迟迟不能代谢，因此会长时间涨红了脸，只能期待肝脏里的细胞色素 P450（特异性比较低的氧化酶）来慢慢将摄入的酒精代谢掉。

2. 你为什么喝酒会上头?

喝白酒后上头（头疼）、口干有很多方面的原因。一般主要是由于白酒中的醛、酮、甲醇、杂醇油等物质含量过高及酸酯比例不协调等因素引起的，例如杂醇油进入人体后分解很慢，所以杂醇油含量多的时候，人喝酒易上头。国外称杂醇油为恶醉之本，一般来说"好酒不上头"，上头的不是好酒。

白酒上头一般主要影响因素如下：白酒中的醛类物质含量过高容易上头；白酒中的杂醇油含量过高容易上头；外加香料，容易上头；卫生指标超标，也容易上头；酸、酯比例不协调导致上头。

（二）如何让白酒变得不上头?

1. 对白酒中醛类物质说 No

（1）醛类物质对酒体的影响　少量的醛类物质可以增加酒体的厚重和香味，使酒体变得丰满，如果醛类含量偏低，酒体会感觉味平淡、香气差，放香不好，但醛类物质含量也不宜过高，因为过高易使白酒有强烈的刺激性和辛辣味，饮用后会引起头晕、头痛（上头）、口干。这是因为醛类物质在人体内的作用强，它可在体内积蓄，迫使末梢血管扩张，引起血液循环加速，并使中枢血管收缩，从而心跳加速，血压升高，使人头晕、胀痛。

（2）处理措施

① 减少辅料（谷壳）使用量，减少醛类的产生量。

辅料（谷壳）中的多缩戊糖是形成醛类的主要物质，减少谷壳用量，可以从根本上降低醛类物质的产生量，对减少酒体上头感有很好的作用。例如某酱香酒厂辅料用量从 2007 年以前的 40% 以上，降到现在的 14%（老系统生产优质酒车间），其他新车间控制在18%，整个用量降低了20多个点，酒体中醛类物质大大减少。

② 延长新酒的存储时间，使酒体老熟，变醇和。

一般新酒中的醛、酮类等物质含量都比较高，所以，新酒大多数都有一种辛辣感、刺激感，喝后就非常容易口干舌燥、上头，但醛、酮类物质是易挥发、易氧化等物质，在酒的存储过程中，可以通过挥发、氧化还原反应，使酒体中醛、酮类物质减少，从而增加酒体的醇和度，使酒体变绵甜，减少辛辣感、上头感。酱香型白酒，按工艺要求，必须要生产一年，存储三年，勾兑出厂还要一年，也就是五年才能上市。但随着2012年以后市场的不断扩大，销量在不断增加，部分酒厂的扩能速度根本跟不上，实事求是地讲，某些酒厂比较低端的部分酒存储期根本没有达到三年以上，所以，酒体不够老熟，辛辣感重，有上头的感觉。

③ 采用高温馏酒，减少酒体中醛含量。

醛类物质属于低沸点物质，通过高温馏酒的过程可以减少醛以及酮类物质进入酒体，减少其在酒体中的含量，从而提高酒体的质量。酱香型白酒应在38 ~ 45℃馏酒更好，这样可以减少醛类含量。

2. 让杂醇油离开

（1）白酒中杂醇油对酒体的影响　杂醇油是一类高沸点的混合物，具有特殊的强烈刺激性臭味，在口味上弊多利少；杂醇油在体内的氧化速度比乙醇慢，停留时间长，这是引起白酒上头、口干的又一原因。杂醇油的主要成分是异戊醇、戊醇、异丁醇、丙醇等，其中以异戊醇、异丁醇毒性最大。如果乙醇对人体的危害程度为1，那么丙醇对人体的危害程度为3.5，异丁醇的危害为8，异戊醇的危害为19。

（2）减少杂醇油的措施

① 控制生产过程中曲药的质量。

新曲中含有大量的蛋白酶，蛋白酶能使原料及曲药中的蛋白质、氨基酸等物质分解产生大量的杂醇油类物质，所以一般不使用新曲进行生产（一般曲药要求存储三个月以上）。

有些小酒厂曲药的产量跟不上，所以很多新曲药（存储期不足1个月）都投入生产，所以，正如前面所说，新曲药会使酒体中的杂醇油含量增加。

② 注重工艺条件的控制，减慢发酵速度。

如果收堆温度过高，现场管理不到位，会引起杂菌感染，导致发生许多不利的副反应，产生大量的杂醇油类物质。理想的收堆温度为 26 ~ 32℃，但是在夏天天气热的时候，很难按照这个标准控制。

③ 在接酒时注意掐头去尾，以降低杂醇油含量。

因为杂醇油沸点高，不易被蒸馏出来，一般在酒头和酒尾中含量比较大，所以，在生产实践过程中，一般通过掐头去尾，从而减少酒体中的杂醇油含量。而现在有些企业只是除去了酒尾，但是酒头仍然没有分开接取，有待改进。

（三）解酒的几个方法和误区

1. 解酒的几个方法

（1）生梨解酒法　吃几个梨或将梨去皮切片，浸入凉开水中，吃梨饮水，可解酒。

（2）西瓜解酒法　西瓜中含有丰富的水分与维生素 C，西瓜汁可治酒后全身发热。

（3）酸奶解酒法　一旦酒喝多了，可多喝酸奶。酸奶能保护胃黏膜，延缓酒精吸收，由于酸奶中钙含量丰富，因此对缓解酒后烦躁症状尤其有效。

2. 解酒的误区

有人说浓茶解酒，但此说法值得商榷。茶叶中的茶多酚有一定的保肝作用，但浓茶中的茶碱可使血管收缩，血压上升，反而会加剧头疼，因此酒醉后可以喝点淡茶，最好不要喝浓茶。

九、这些甜蜜的东西在白酒中让你一点也不甜蜜

2014 年 10 月 29 日北京市食品药品监督管理局通报了 14 种下架食品名单，其中北京市通州制酒厂生产的"京城第一锅"酒被检出不得含有的甜蜜素，被责令下架。

1. 什么是甜蜜素

甜蜜素的化学名称为"环己基氨基磺酸钠"，是一种常用甜味剂，其甜度是蔗糖的 30 ~ 40 倍。消费者如果经常食用甜蜜素含量超标的饮料或其他食品，就会因摄入过量对人体的肝脏和神经系统造成危害，特别是对代谢排毒的能力较弱的老人、孕妇、小孩危害更明显。甜蜜素是食品生产中常用的添加剂，但按照规定，白酒中不得检出。

2. 甜蜜素风波的前世今生

甜蜜素成了白酒行业多年来一直未能根除的一大顽疾。早在 2004 年，就有四川某知名白酒企业因添加甜蜜素一事，引发了一阵行业风波。2004 年，湖南省一些地市相关行政执法部门，抽查检测出四川、贵州、安徽等地的大型白酒骨干企业产品中含有微量甜蜜素成分，判定许多白酒骨干企业的产品质量不合格，查扣了大量产品，禁止上市销售，并要处以几十至上百万元不等的罚款，白酒企业纷纷对此提出强烈质疑。后来，由国家相关部门出具复函，"食品中环己基氨基磺酸钠(甜蜜素)的测定(GB/T 5009.97—2003)适用范围不包括白酒"，此事方才得以解决。直到"食品添加剂使用标准（GB 2760—2011）"出台，明确规定白酒中不允许添加甜蜜素。

此后，甜蜜素风波仍然不断。2012 年中期，国家质量监督检验检疫总局共抽查了北京、河北、山西等 23 个省、自治区、直辖市 199 家企业生产的 200 种白酒产品，其中 9 种产品不符合标准，涉及酒精度、甜蜜素、固形物等。2013年 3 月左右，山西省质量技术监督局（简称"质监局"）共抽查了 97 家生产企业的 162 批次的白酒产品，合格 154 个批次，抽样合格率为 95.06%，不合格项目主要是酒精度、甜蜜素。2014 年 1 月，山东省质量技术监督局披露，抽样检测发现 8 种白酒甜蜜素超标。

3. 糖精钠的风波

糖精钠的化学名称是"邻苯甲酰磺酰亚胺钠"，于 1879 年被发现，很快就被食品工业界和消费者接受。糖精的甜度为蔗糖的 300 ~ 500 倍，在各种食品生产过程中都很稳定。过量食用糖精钠会影响人的肠胃消化酶的正常分泌，降低小肠的吸收能力，还会对肝脏和神经系统造成危害。根据国家相关标准规定，糖精钠在白酒中禁止添加。

2013 年 6 月 18 日，贵州省质量技术监督局（下称"贵州质监局"）发布 2013 年第三批食品监督抽查结果公告，95 批次白酒产品质量监督抽查不合格。其中，因甜蜜素、糖精钠原因不合格的，总占比近 9 成。中低档的酒水的生产者，尤其是小酒厂、窖池、原酒量产能力薄弱，要想获得高毛利，只能降低成本，从而采用添加化学合成物如糖精钠等手段来生产白酒。

4. 以酒勾酒的甜味

既然在白酒中不能添加甜蜜素、糖精钠等甜味成分，那么白酒中的甜味是怎么来的呢？白酒的甜味主要来自白酒中自身所有的醇类，特别是多元醇，因甜味来自羟基。因为多元醇都有甜味基团和助甜基团，所以比仅有一个羟基的醇要甜得多。一般醇的甜味强弱的顺序如下：乙醇＜乙二醇＜丙三醇＜丁四醇（赤藓醇）＜阿拉伯糖醇＜甘露醇。丁四醇的甜味比蔗糖大 2 倍，己六醇有很强的甜味，它在水果甜味中占有重要的地位。这些多元醇不但产生甜味，还因为它们都是黏稠体，均能给酒中带来丰满的醇厚感，使白酒口味软绵。

在白酒的生产中，勾兑环节极为重要，勾兑主要是使酒中各种微量成分以不同的比例兑加在一起，使分子间重新排列和结合，进行补充、谐调、平衡，烘托出主体香气和形成独自的风格特点。那么如何使得甜味不足的酒体变得醇甜呢？这个就要以酒勾酒了。在以茅台、五粮液等为首的大型规模纯粮固态发酵生产企业中，绝对不允许添加任何化学合成的添加剂，所以调味酒对于勾兑中补充不足的味道至关重要。比如甜味好的酒，每个轮次里面可能就有那么几坛，这些酒经过品酒师挑选出来并放置一段时间后，完全可以满足勾兑酒体甜味的需要。

十、白酒也有指纹？

白酒也有指纹？没错，白酒也一样有指纹，而且白酒的指纹图谱可以用来鉴别真假酒，指导勾兑生产，那么就让我们来认识一下指纹图谱到底是何方神圣？

1. 什么是指纹图谱？

指纹图谱是指经预处理的样品，通过色谱或光谱等技术手段分析后得到的能够表示该样品特性的谱图或图像。这些图谱或图像就如人的指纹一样在一定程度上具有专一性和代表性，因此被形象地称之为指纹图谱。指纹图谱将样品中化学组分的含量和比例关系以色谱或光谱图谱反映出来，从宏观上、整体性地看问题，避免了单独分析样品中的各种化学组分而造成的误差。与传统质量控制模式的区别在于：指纹图谱是综合地看问题，也就是强调化学谱图的"完整面貌"，反映的质量信息是综合的。因此，指纹图谱解决了白酒中风味成分众多且不易定性或定量这一难题，能更科学地应用于白酒分析和质量控制。

目前，虽然指纹图谱技术已应用于白酒领域，在白酒质量控制上发挥了一定的作用，但还是处于初级探索阶段。

2. 如何获取指纹图谱？

目前构建指纹图谱常用的技术有光谱技术和色谱技术，如通过光谱技术得到的指纹图谱有紫外指纹图谱、红外指纹图谱、原子吸收指纹图谱、原子荧光指纹图谱等。色谱技术主要包括气相色谱（联用）技术和高效液相色谱（联用）技术。前者主要用于挥发性物质的分析，后者主要用于可溶性物质的检测，得到的指纹图谱分别为气相指纹图谱和高效液相指纹图谱。除此之外，还有 X 射线衍射法、核磁共振法等技术手段。

3. 指纹图谱在白酒中能干什么？

白酒指纹图谱的应用非常广泛，在白酒勾兑调味工艺、真伪白酒识别等方面可以直接通过指纹图谱比对，根据出峰数量、峰形大小等对图谱进行定性识别。此外，对于未知白酒的归类、白酒质量控制等方面往往会涉及指纹图谱的相似度计算，对指纹图谱进行定量识别。

（1）白酒勾兑工艺　白酒的勾兑调味工艺是指在生产酿造过程中，通过半成品酒之间的相互混合，得到质量比较稳定，并在主要质量指标上达到成品酒标准的基础酒，然后在基础酒中添加少量特殊工艺酿造的调味酒。这项工艺技术过去一直是由勾兑师凭借敏锐的感官品尝和丰富的勾兑调味经验进行操作，使得技术难以推广，并且存在很大的操作误差。通过白酒指纹图谱分析就可以使这个技术更加科学化、规范化。在白酒勾兑工艺中使用白酒指纹图谱有两方面的作用：一是建立原酒及调味酒指纹图谱；二是建立目标酒样指纹图谱。所谓目标酒样，可以是本厂的优质成品酒，也可以是国家名优酒。以其作为目标，组织进行白酒勾兑工作。有了这些谱图，我们就可以根据目标酒样指纹图谱，按缺什么补什么的原则选取原酒及调味酒，对其进行多次组合，形成多个小样。对小样进行气相色谱分析，将得到的图谱与目标酒样指纹图谱进行比对，找出小样与目标酒样指纹图谱的差异，再组合、再比对，直至这两张谱图的差异在我们可接受的范围为止。

（2）真伪识别　白酒质量的差异性主要是由酒中微量物质表现出来的，对于纯粮酿造的白酒，其指纹图谱中有很多峰未定性，人为无法添加，而低档酒、伪制酒的峰数量却少得多，尤其是高温部分的峰存在很大区别，同时峰形也要小得多，所以，对于优质高档白酒，根据图谱基本上可以判别其真伪。

（3）白酒质量控制及未知酒的归类　将白酒指纹图谱作为白酒质量标准的一个指标进行规定，可以提高企业的标准化水平，同时也提高了产品质量。至少，批次之间的感官差异会缩小。由于不同的白酒生产厂家所处地域不同、气候不同、微生物环境及水质环境也不同，再加上生产工艺的差异，要生产出风格完全相同的白酒是不可能的，因此，其气相色谱指纹图谱也会不同。白酒质量标准中有白酒指纹图谱的技术要求，就可据此对盗用名优品牌的仿冒品进行鉴别、查处，以保护合法企业的利益。

十一、关于年份酒到底在吵吵啥？

中国白酒在近几年经历了塑化剂、年份酒、勾兑门等风波之后，消费者对于白酒的品质都产生了很大的不信任度，这对于处于寒冬的整个白酒行业无疑是雪上加霜。其中又以年份酒乱象最多，关于年份酒，到底在争吵些什么呢？

1. 年份酒的标准核心争议是什么？

以酱香型白酒为例，贵州酱香型白酒企业在省质监局的指导下，由贵州大学、茅台集团等贵州省内主要白酒科研机构、生产企业共同讨论，历时 2 年 7 个月，于 2014 年 1 月 9 日发布了全国首个酱香型白酒技术标准体系，其中有 65 项标准。而酱香型白酒年份酒标准《陈年酱香型白酒生产管理规范》在经过多次讨论后最终没有达成一致，没能进入该标准体系，该标准引起争议的是"勾兑过程使用的主基酒酒龄应不低于产品标示的年份，且主基酒比例不低于 50%"，也就是说标识为10年的年份酒,其中10年的基酒必须达到50%,这个标准没有得到一致认可。

2. 国际标准和黄酒的年份酒标准如何定的?

国际上不成文的规定是年份酒按照最低酒龄来分级,就是说按照酒体中年份最短的来定年份。而黄酒等采用的是加权算术平均法计算年份,百分比乘以年份,然后相加得出最终年份。

3. 年份酒的鉴别监测方法是什么?

年份酒的鉴别现在主要有挥发系数判定法、碳十四同位素检测法、荧光光谱法三种方法。剑南春集团说其发明的挥发系数判定法可以检测不同年份酒,这个在行业内没有得到广泛应用,另外两种也是如此,至少在酱香行业没有看到广泛使用。但是这个不代表这些方法不科学,主要是没有能够联合众多企业共同来做这个研究,这可能有个联合推广的过程。

4. 酱香型白酒年份酒的标准难产?

2011 ~ 2013 年在茅台季克良董事长的带领下,我和众多专家学者、企业技术负责人一起讨论了多次酱香白酒年份酒的标准《陈年酱香型白酒生产管理规范》,讨论的结果如下。

（1）陈年酱香型白酒定义 亦称陈酿酱香型白酒、酱香型年份酒,酒龄不低于5年,并经勾兑而成的酱香型白酒。

（2）酒龄 生产出来的酒在陶坛中储存老熟的时间,以年为单位。

（3）储存容器 陶坛是最适于白酒老熟的储存容器,因此陈年酱香型白酒规定以陶坛作为储存容器。

（4）勾兑 把具有不同香气、口味、风格、酒龄的酒,按一定比例进行勾调,使之达到一定质量标准,并做好勾兑过程记录。勾兑过程使用的主基酒酒龄应不低于产品标示的年份,且主基酒比例不低于50%。

（5）参考澳大利亚葡萄酒与白兰地协会（AWBC）制订的"标签真实性核查计划"（Label Integrity Program, LIP） 该计划通过核查酿酒企业的记录,确保酒标签上出产年份的真实性。本标准规定对基酒入库、转移、勾兑过程进行记录,通过核查记录档案实现陈年酱香型白酒的认证和溯源。因为陈年酒的溯源一般都发生在产品销售后的 2 ~ 3 年内,所以规定实物档案保存时间应超过产品生产日期3年，由于文字档案更易于保存，规定其保存时间应超过产品生产日期10年。

该标准也如同行业内多次讨论过的年份酒标准情况一样难产，最终因为各种阻力，未能进入《酱香型白酒技术标准体系》最终发布版本。

5. 退而求其次？瓶储年份酒标准横空出世！

既然年份酒的标准总是难产，那么到底应该怎么规范年份酒？2014年7月19日，在湖南邵阳举行的关于瓶储年份酒专家研讨会上，中国食品工业协会白酒专业委员会的专家们首次提出了瓶储年份酒的概念，这无疑是对规范年份酒的生产起了积极的作用。

瓶储年份酒的概念：以传统纯粮固态发酵白酒为原料，根据工艺要求进行必要的陈储、老熟和勾兑，制成成品白酒，再灌装到瓶、罐、坛或其他形式的可供直接销售的包装物中，继续储存一定年份后上市销售，以保证消费者购买的产品与生产经营者声称的储存年份完全一致的白酒产品。凡是酒精勾兑、固液发酵、液态发酵等工艺生产的白酒，都不能进入瓶储年份酒的范围。

瓶储年份酒出台实际上是年份酒标准难产的结果，是白酒诚信和高品质的体现，真实性保障是其可追溯性。总之，在年份酒标准迟迟不能出台的情况下，能够出一个瓶储年份酒的定义，也是对年份酒市场乱象的一个规范。

十二、你知道白酒生产中用到什么水吗？

1. 老祖宗是如何说酿酒用水的？

我国先民已知选择并应用优质水酿酒的起源很早。麹如《礼记·月令》："乃命大酋，秫稻必齐，麹蘖必时，湛炽必洁，水泉必香，陶器必良，火齐必得"。这是先民通过实践得出的"酿酒六必"的宝贵经验。"水泉必香"就是对酿酒用水提出的要求标准。根据现代人的物理性状标准，酿酒用水应无色、无味、无臭、水质清澈，这可能就是"水泉必香"的要求了。北魏贾思勰撰写的《齐民要术》中的酿酒记载是我国最早的酿酒操作法，其中就记载了有关酿酒用水，大多是用河水或井水。《齐民要术》中的"造神麹并酒"记载："收水法，河水第一好。远河者，取汲甘井水；小咸则不佳"。"作麯、浸麯、炊、酿，一切悉用河水；无手力之家，乃用甘井水耳"。

2. 白酒生产中到底用到哪些水？

白酒生产过程中各生产环节用水，包括生产工艺用水、锅炉用水、冷却用水等。白酒的生产工艺用水是指与原料、半成品、成品直接接触的水，通常包括三部分：一是制曲时搅拌各种粮食原料，微生物的培养、生长，制酒原料的浸泡、淀粉原料的糊化、稀释等工艺过程使用的酿造用水；二是用于设备、工具清洗等的洗涤用水；三是白酒在降度、勾兑时候的用水。实践证明，对白酒品质影响较大的是酿造用水和降度用水。

（1）酿造用水　酿造用水中所含的各种成分均与有益微生物的生长、酶的形成和作用，以及醅或醪的发酵直至成品酒的质量密切相关。水质不良会造成酿酒糟醅的发酵迟钝；曲霉生长迟缓，曲温上升缓慢；酵母菌生长不良，影响产香物质的形成；还会造成白酒口味上的涩苦，出现异臭、变色、沉淀等现象。

酿造用水的要求如下。

① 硬度　水的硬度是指水中钙镁离子的总浓度。

我国规定 1 升（L）水中含有 10 毫克（mg）氧化钙为 $1°$ dH（德国度，以下简称度）。一般分为 5 个等级：硬度 0 ~ 4 度的水为特软水，硬度 4 ~ 8 度的水为软水，硬度 8 ~ 15 度的水为中等硬水，硬度 15 ~ 30 度的水为硬水，硬度 30 度以上为很硬的水。白酒酿造用水以中等硬水较为适宜。

② 其他指标　酿造用水要求不得检出致病菌，游离态余氯不得超过 0.1mg/L，硝酸态氮为 0.2 ~ 0.5mg/L，水的最适 pH 在 6.8 ~ 7.2。

（2）降度用水

① 外观　降度用水其物理特征必须是无色透明，不能含有太多有机物或铁离子。如呈浑浊，则可能含有氢氧化铁、氢氧化铝和悬浮的杂物。这些水应处理后再用。

② 口味　在 20 ~ 30℃，用口尝应有清爽的感觉。如有咸味、苦味则不宜使用；如有泥臭味、铁腥味、硫化氢味等也不能使用。取加热至 40 ~ 50℃的挥发气体用鼻嗅之，如有腐败味、氨味、沥青和煤气等臭味的均为不好的水。

优良的水应无任何气味。

③ pH　一般情况下呈微酸性或微碱性的水都可用作降度用水，但 pH 为 7、中性的水质最佳。

④ 氯含量　靠近油田、盐碱地、火山、食盐场地等处的水常含有多量的氯，自来水中往往也含有活性氯，极易给酒带来不舒适的异味。按规定，1L 水里的氯含量应在 30mg 以下，超过此限量，必须用活性炭处理。

⑤ 硝酸盐　如果水中含有硝酸盐及亚硝酸盐，则会影响糖化的进行，妨碍酵母发酵，使酵母变异，口味改变，并有致癌作用。硝酸盐在水中的含量不得超过 3mg/L，亚硝酸盐的含量应低于 0.5mg/L。

⑥ 水的硬度　降度水要求硬度在 4.5 度以下，高于此硬度的水需经过处理后才能使用。若用硬度大的水降度，酒中的有机酸与水中的 Ca^{2+}、Mg^{2+} 缓慢反应，将逐渐生成沉淀，影响酒质。

3. 白酒生产用水如何处理？

白酒生产用水的处理方法主要有加酸法、加石膏法、电渗析法、反渗透法、离子交换法等。其中用得最广泛的是反渗透法和离子交换法。

十三、低醉酒度与低度酒，傻傻分不清楚？

前面讲了白酒的生产用水，其中有一部分是作为白酒降度用水。所谓降度就是将白酒的度数降低，这个通常是为了满足消费者需求而勾调出各种低酒精度的产品。大家都知道，喝度数低的白酒不容易醉，可是不是所有具有低醉酒度的白酒都是低度酒呢？那么我们首先要弄清楚什么是低醉酒度。

1. 什么是低醉酒度？

关于低醉酒度的概念，著名白酒专家曾祖训高工是这样定义的：低醉酒度是指酒对人的精神激活的程度，既要满足美好的精神享受，又不至于对健康造成大的影响，进而影响到正常工作、生活。要求饮酒的体征表现"入口时绵柔幽雅，醇和爽净，谐调自然，饮酒过程醉得慢，醒得快，酒后不口干，不上头，感觉清新舒适"。需要指出的是，它与低度酒的概念是不一样的，低醉酒度≠低酒精度。"低醉酒度"是饮酒后人们生理体征表现的考核指标，而"低酒度"

则是单纯的白酒产品特征标准之一。

2. 低醉酒度的研究

（1）浓香丰谷酒　关于低醉酒度的研究，国内由绵阳丰谷酒业与四川大学历时三年、总投资 320 万元共同研发，已申请 5 项发明专利。据介绍，丰谷酒业的这一创造性研究成果表明：即便是相同酒度的白酒，也存在着明显的醉酒度差异。对饮酒者来说，醉酒度有差异的酒不仅表现在饮酒后受体行为指标上的差异，更重要的是醉酒度低的酒在饮后受体的血液中乙醇和乙醛浓度、脑组织中神经递质含量或神经质相关酶活性指标都显著优于醉酒度高的酒，换句话说就是醉酒度低的酒对人体健康是有一定保证的。

针对白酒行业对白酒中影响消费者健康的因子仅限于逻辑推理的局限，项目应用白酒醉酒度评价技术检测不同酒样，用科学的实验方法从白酒的微量成分中找出了 2 个极显著影响因子和 3 个显著影响因子。对传统工艺生产的浓香型白酒建立起了判定其醉酒度影响因子的技术体系。由于白酒生产是以粮食为原料，应用生物发酵技术，利用多种微生物和酶的生化反应过程。菌曲中不同的微生物和酶、生产中不同的代谢环境条件、不同的分离提取工况会改变白酒的微量成分结构，进而呈现不同醉酒度特征。项目研究内容涉及微生物菌系、微生物酶系、酸酯平衡、理化因子（酸度、配料）以及其他因子（操作工序、基酒勾兑、基酒储藏）等对发酵进程的影响和调控，通过对上述关键因素的系统研究，按照"既保证发酵正常和口感优良，又对醉酒度影响因子（特别是极显著因子）控制有力"的原则，确定了低醉酒度优质浓香型白酒生产技术，并申报了国家发明专利。

（2）生态清酱白酒　最近又有一种热炒的"清酱"出现，这个其实不能算是严格的香型区分定义，但是可以让消费者们了解下。清酱型白酒简单地说就是酱型白酒清爽、淡雅、绵柔化的一个衍生酒品。清酱型白酒既有传统酱酒的固有风格特征，同时又具有淡雅、绵柔、爽净的现代时尚酒元素特征。低醉酒度生态清酱白酒的定义：低醉酒度 + 生态工艺 + 淡雅柔酱 = 低醉酒度生态清酱白酒。

工艺特点：以整颗粒纯粮为原料，免除添加糠壳类辅料，以纯洁净粮高压糊化，以活性特曲为发酵剂，采用纯固态续糟地池回轮工艺发酵，采用独家发明的物理酱化技术成香促熟。

酒品特点：风味，酱香淡雅、纯正绵柔，无糠糟和杂醇油味；口味，绵香淡雅、柔和顺喉，无暴辣刺激感。

卖点：生态、纯净、纯粮、柔酱、健康、低醉酒度。

3. 关于低醉酒度的专家争论

凡是新鲜事物就会有争论。有些专家们认为低醉酒度产品完全就是个噱头，听起来好像神乎其神，其实这项所谓的创新技术不过就是在白酒生产工艺上，把产品中的一些容易导致醉酒头痛的物质给提纯掉了。导致酒醉头痛的主要物质是杂醇油，白酒中的杂醇油含量过高，饮用后对人体有害，容易出现充血、头痛等症状。国家标准要求杂醇油在白酒中的含量不能超过 0.2g/L，所谓的"低醉酒度"只是在工艺上降低了杂醇油的含量。其实一些大的酒厂，比如茅台、五粮液在这方面的工作一直走在最前列，他们一直按照国家的标准严格控制自己产品中杂醇油的含量，这就是为什么同样度数的酒，茅台、五粮液的口感和喝完之后的感觉会比一般的小酒厂生产的酒好的原因所在。"丰谷酒王"所谓的破译了"低醉酒度"的密码以及掌握了控制酒体中"醉酒因子"的关键技术，其实就是把自己的白酒产品中的杂醇油含量减少一些罢了，用了一个好听的名字来命名自己，以此抓住消费者的消费心理。

中国著名白酒专家曾祖训高工则在 2014 年 11 月 27 日接受媒体访谈时再次表示，低度酒，它只是降低了酒对人的口感刺激，并没有解决醉酒问题。我们曾经做过实验，醉酒主要表现在两个方面：一个是思路的认知度降低，就是说想东西越来越模糊了，理不清楚了；另一个就是行动力，走路摇摇晃晃。实际上这两个表现跟两种物质有关，这个他们的实验都已经测定了。这两种物质的量的变化，跟醉酒的状况变化完全一致。低醉酒度酒就是通过控制原料质量和工艺条件降低这两种物质的产生，来减少对人的刺激。

十四、为什么白酒泰斗秦含章老先生建议青稞酒独立成香型？

中国白酒的香型众多，以浓、清、酱、米为基础，衍生出了十二大香型，而其他的诸多具有特色的白酒都被列入其他香型。青稞酒就以其地理环境独特、酿酒原料独特、大曲配料独特、发酵设备独特、生产工艺独特、产品风格独特而著称，互助青稞酒是青稞酒的典型代表。2003年4月，中国白酒泰斗秦含章老先生品尝了互助青稞酒后，提出了青稞酒单独成立香型的建议，那么青稞酒到底有什么独特的魅力呢，让我们来了解下。

1. 什么是青稞酒?

青稞酒，藏语叫做"羌"，是用青藏高原出产的一种主要粮食——青稞制成的。它是青藏人民最喜欢喝的酒，逢年过节、结婚、生孩子、迎送亲友，必不可少。青稞也叫元麦、淮麦、米大麦，是大麦的一种特殊类型，因其内外颖壳分离，籽粒裸露，故称裸大麦。青稞是青藏高原人民非常熟悉的农作物，除了酿造青稞酒以外，还有其他很多作用。

青海互助青稞酒有限公司是全国最大的青稞酒生产基地，是中国青稞酒之源，是中华人民共和国地理标志保护产品，"互助"牌商标荣获"中国驰名商标"。

2. 青稞酒独特在哪里?

（1）独特的酿酒原料　酿酒所用的井水发源于海拔4000米以上的高原雪线，纯净的高山冰雪经阳光照射，融化渗透，历经多层岩层过滤，在地质层深处涌出地表，水体清冽、水质卓绝，属罕见的矿泉水。酿酒所用的原料青稞生长在海拔2700～4500米的纯净、无污染的高寒地区，日照时间长、生长周期长，不仅含有较高的蛋白质和氨基酸，还富含十多种人体必需的维生素和铁、钾、锌等矿物质。

（2）独特的地理环境　青海互助土族自治县是全国最大的青稞酒生产基地，这里四面环山，冬无严寒，夏无酷暑，自然生态平衡，为无污染的小盆地地区。盆地内洁净温和的自然环境，形成了独特的酿酒微生物圈，为形成青稞酒独特的风格提供了有利的地理条件。

（3）独特的生产工艺　青稞酒是在传承400年传统工艺的基础上，利用优质的青稞为原料，加入精心培育的青稞酒大曲，采用"清蒸清烧四次清"工艺，经80天纯粮酿造，整个发酵遵循"养大渣、保二渣、挤三渣、追回糟"的原则。达到发酵周期的酒醅进行缓火蒸馏、量质摘酒、分级储存、精心勾兑后，最终形成青稞酒。

（4）独特的大曲　酿造青稞酒所用的大曲，以青稞、豌豆为原料，将二者配料后采用中低温培养制得"槐瓤曲"，采用中高温培养制得"白霜满天星"。大曲产生的香兰素，赋予青稞酒区别于其他清香型白酒的独特清香味。

（5）独特的酿酒设备　以互助青稞酒为代表，采用花岗岩酒窖池发酵，所生产的原酒一般要在陶罐中珍藏1～3年，最大限度地降低酒中甲醇、杂醇油等有害成分，再经品酒师精心调配，最终产出清雅纯正、绵甜爽净的高品质青稞酒。在整个"清蒸清烧四次清"的过程中突出一个"净"字，就是要强调干净、卫生。另外经检测分析，清香型白酒高级酯含量及卫生指标中所规定的杂醇油、甲醇等含量低，符合时下消费者追求的"安全、卫生、健康"的饮酒时尚。

（6）独特的产品风格　青稞酒虽属于清香型白酒，但在口感、理化指标、微量成分等方面又明显不同于其他清香型白酒。青稞酒清亮透明、香气清雅纯正、怡悦馥和、口感绵甜柔顺、悠长爽净、醇厚丰满、回味怡畅，具有青稞酒清雅的独特风格。

3. 青稞酒科研阔步前进

2014年12月11日上午，由中国轻工业联合会组织的"青稞酒特征风味成分及其原料和微生物形成机理的研究与应用"项目鉴定会在北京召开，项目总体达到国际领先水平，顺利通过鉴定。

"青稞酒特征风味成分及其原料和微生物形成机理的研究与应用"项目依托"中国白酒169计划"和青稞酒产业发展战略指导下，由青海互助青稞酒股份有限公司和江南大学合作开展。通过3年多时间的研究，项目对青稞原料的微量成分进行了定性研究，完成了青稞酒微量化合物成分的检测与定量技术研究，对特征风味物质的含量进行了剖析研究。在风味研究的基础上，首次系统剖析了青稞酒酿造酵母菌群结构，发现了青稞酒中独有的酵母种类，以及青稞酒酵母与典型清香型白酒相比所独具的理化特征；首次建立了以现代分子特征学为基础的青稞酒酵母遗传多样性分析方法，并筛选获得了优良性能的酿酒酵母。

该项目运用现代分离与鉴定技术，首次检测到原料青稞微量成分为112种，其中萜烯类化合物18种。应用气相色谱嗅闻（GC-O）技术，在青稞酒中共检测到118种香气化合物，定性物质111种；通过GC-O等技术，发现青稞酒原酒和成品酒中 10 种重要香气物质为 3- 甲基丁醛、乙酸乙酯等。该项目获得的青稞酒酿酒酵母在青稞酒生产中替代了原有的活性酵母，青稞酒品质明显提高，且青稞酒产量提高了 10% 左右。

十五、白酒中有哪些成分你知道吗?

白酒是一个传统的行业，但是也有极其丰富的科学内涵，看看这些白酒中的成分，你就知道白酒的科技含量有多高了。

白酒的主要成分为酒精和水，约占 99%，其他约占 1%，其中包括杂醇油、多元醇、甲醇、醛类、酸类、酯类等。这些含量虽少，但影响白酒的口味和风格。

1. 乙醇

乙醇是白酒中含量很高的成分，微呈甜味，乙醇含量越高，酒性也越烈。

2. 酯类

包括乙酸乙酯、丁酸乙酯、己酸乙酯、乳酸己酯、乙酸戊酯、丁酸戊酯等，酯类主要关系到白酒的香气。己酸乙酯及乙酸乙酯为浓香型白酒主体的复合香气，清香型白酒以乙酸乙酯为主体香气。

3. 酸类

酸类包括挥发酸如甲酸、乙酸、丁酸、己酸等，不挥发酸如乳酸、苹果酸、葡萄糖酸、酒石酸、琥珀酸等，其中以乳酸较柔和。

4. 醛类

白酒中的醛类包括甲醛、乙醛、糠醛、丁醛等。少量乙醛是优质白酒的香气成分。一般浓香型优级酒，含乙醛一般为 20mg/100mL，过高则有强烈的刺激味与辛辣味，容易引起头晕。

5. 多元醇

包括甘油、2,3- 丁二醇、丁四醇、阿拉伯糖醇、甘露醇等。甘油、丁四醇、阿拉伯糖醇、甘露醇等都有甜味，这些甜味形成白酒的醇厚风味。

白酒中存在的酸类物质、高级醇、多元醇以及酯类物质经过一系列的氧化、还原、酯化和水解等化学反应相互转化，在体系中形成新的平衡，同时伴有成分消失或增减，构成白酒新的风味物质。

十六、洞藏？人工催陈白酒？这些靠不靠谱？

常常听说洞藏酒、人工催陈白酒，那么这些是不是靠谱的事情呢？让我们来看看酒是如何储存老熟的。

1. 酒库的作用

新酒必须经过一段时间的储存以后才能进行勾兑使用，辣燥感会明显减轻，风味物质逐渐形成，醇香诱人，酒品质量得到明显的改善，此谓老熟，也叫陈酿。在酒厂的酒库中，白酒的储存环境始终需要保持合适的温度和湿度，传统的酒库有地上和地下两种。

地上酒库，室温随季节气候变化影响较大，夏季气温高，湿度大，酒中的硫化氢、硫醇、硫醚等挥发性硫化物杂味物质挥发较快，但同时也造成酒中香味成分的挥发耗损，原酒中乙醇也有蒸发、损耗。当室温低时，酒中香味成分挥发慢，但酒的老熟速度也会放慢。

地下酒库，温度、湿度相对恒定，受季节和气候的影响比较小，地温一般维持在 9 ~ 22℃之间。在这样的温度下，可起到除去新酒味的老熟作用。而原酒中有益的香味物质能较好地保存，并且乙醇损耗少。酒中醇、酸、酯、醛、金属离子等微量成分之间的缔合，各种物理化学反应能够自然平缓进行，经过长时间储存后，酒体更加细腻、丰满、醇厚。

所以洞藏白酒，主要是能够像地下酒库一样保持温度、湿度相对恒定，受季节和气候的影响比较小，这样的存储环境有利于白酒的自然平缓老熟，也就有利于酒质量的提高。但是盲目夸大洞藏的神秘感，神话其作用，也是不可取的。

2. 白酒存放的容器

长期的生产实践经验表明，储存白酒的容器材质与储存白酒的质量有密切的相关性。我国白酒企业的储存容器主要有以下几种。

（1）陶土容器（陶坛） 我国名优酒通常都是采用传统的陶坛作为理想的储存容器。但不同产地的陶坛由于其材质和工艺不同，其储酒老熟效果有很大的差异。陶坛结构比较粗糙，吸水率大，一般壁厚为2cm左右，周身存在许多气孔，空气中的氧易进入陶坛中，促使酒体内氧化反应加速进行。此外，陶坛含有多种金属氧化物。金属离子在储酒的过程中溶于酒中，对白酒的老熟有促进作用。新蒸馏的酒辛辣、冲、暴香并有糟糟味，老熟可以去杂增香，减少新酒的刺激、燥辣，使酒的口味协调醇厚。陶土容器的封口常用塑料布扎口，再用面板、木板或沙袋压紧。在储存的过程中也有渗漏和挥发现象。通常老式陶坛渗漏在3%～5%，新式陶坛渗漏约1%。酒厂在使用新陶坛之前，先装上水进行试用，检验是否有暗纹或其他原因渗漏，使用的过程中也不断检查，但老式陶坛的渗漏仍无法避免。这是陶坛自身材质和制作工艺决定的。

（2）血料容器　用荆条或竹篾编成筐，或用木箱、水泥池内壁糊有血料制成，作为传统储酒容器之一。所谓血料，是用猪血和石灰调制成一种可塑性的蛋白胶质盐，遇酒精即形成半渗透的薄膜。其特征是水能渗透而酒精不能渗透。对酒精含量为30%以上的酒有良好的防漏作用，称为"酒海"。

（3）金属容器　铝罐是早期储酒容器之一。在使用的过程中，随着储存时间的延长，酒中的有机酸对铝有腐蚀作用并产生混浊沉淀，大型酒企早已停止使用，目前都使用不锈钢大罐。不锈钢大罐结构稳定，不会影响储存白酒的质量。但不锈钢大罐的造价较高。经不锈钢储存的白酒与传统陶坛储存酒相比，老熟较慢。

3. 白酒的催陈老熟

（1）高温催陈　高温熟化在杀菌的同时也可以使白酒更加醇和，这是一种传统的老熟方法，其温度可控制在50～60℃。微波辐射使酒老熟是另一种热催陈法，其微波频率在1500～3000MHz，因为微波辐射可对酒产生两个作用。一方面使酒的温度上升，使酒中的低沸点物质挥发，改善酒质；另一方面使酒中极性分子旋转，加速分子间摩擦和撞击，促进分子间的缔合作用。

（2）光催陈　将各种可见光、红外线、紫外线等催陈方法统归为光催陈，其对白酒均有不同程度的催陈作用。在波长514.5～530nm处有较好的催陈效果，波长过长的光对白酒催陈效果不是很明显，普通强光源（碘钨灯等）具有很宽的连续光谱，是较好的催陈光源。

（3）高电压脉冲电场催陈　近年来，高电压脉冲电场白酒催陈技术发展迅速，并具有相当优势，如处理周期短，产热少，有效地保护食品营养成分，能减少食品热加工所产生的有害物质（丙烯酰胺等），成为白酒催陈的有效手段之一。将高电压脉冲电场的优势应用于白酒老熟技术中，以电场作为能量源，促进各类化学反应的发生，特别是氧化和酯化反应，使酒中的醇类物质和酸类物质减少，并且产生新的酯类物质，有效提高白酒的质量品质。高电压脉冲电场在白酒的快速催陈领域应用也比较广泛，且效果明显，步骤简便，处理周期短，几十秒就可完成。

（4）超声波催陈　超声波作用于白酒的催陈过程，提高了分子的活化能，分子碰撞激烈，促进酯化和氧化还原等反应发生，有利于白酒醇香味的形成。与此同时超声波还能加强白酒中各个缔合成分间形成缔合体的力度，特别是增加乙醇和水分子的缔合度，形成大而稳固的极性分子缔合群。

其实洞藏也好，催陈也好，既不能神话洞藏的作用，也不能完全否认催陈的功效。洞藏的本质是在恒温恒湿的环境下促使酒体自然缓慢地老熟，催陈的本质是用外力来促进各类化学反应的发生，加快酒体老熟。用科学说话是认清事物本质的最好方法。

十七、一款新酒是怎么开发出来的？

白酒的新产品开发是一个企业的核心竞争力，以往关于如何开发新酒，营销人员写的产品开发往往侧重于市场调研和外包装设计，说不清核心酒体设计过程；而技术人员写的产品开发又侧重于酒体设计细节，对于白酒定价、市场和包装设计带过，形成了新产品开发的各说各话，那么现在我从技术和营销的二维角度，通过实例把完整的新酒开发的流程给大家讲一下。

1. 设计前的调研与定价

（1）市场调研　在进行新产品开发前，市场调研是第一步。市场调研主要集中在针对同价位竞品及消费者两方面。

① 针对竞品调研　包括产品包装及包装设计风格（外包装、内部瓶型）、包装材质、产品命名规律、产品酒精度、外装箱规格等。

② 针对消费者进行调研　要针对消费者或渠道终端店主进行一系列的调

研，确保收集到的市场信息最为切合消费者消费习惯，使开发出的新产品具有针对性。

（2）技术调研　调查有关产品的生产技术现状与发展趋势，预测未来行业可能出现的新情况，根据企业的生产设备、技术力量、工艺特点、产品质量等，参照竞品的特色和消费者习惯进行酒体设计构思。

（3）定价　在调研的同时，对于新产品的定价极为重要，定价可结合市场竞品价格体系，在主流产品价格设置上基础上寻找市场价格机会带，并针对此价格带进行定价设置。比如如果浓香的主流消费价位在100元左右，那么要出一款老百姓接受的主流消费产品，就应该定价在这个范围。

2. 合理规划新产品成本比例

白酒产品成本主要集中在酒水、瓶型材质、贴标、瓶盖和开启方式以及外包装上面。当市场零售价格已确定以后，新产品的包装及酒水成本也就基本上可以确定下来。在适合的情况下，合理的成本控制不仅能给企业带来丰厚的利润，同时也能增加产品的市场竞争力。有人统计过，30元以下产品，包装成本（除酒水以外）相对较高，应控制在20%以内，例如卖20元的酒，包装成本控制在4元以内；30 ~ 80元产品，包装成本控制在10% ~ 15%；80 ~ 200元产品，包装成本控制在10%左右；200元以上产品，具体看产品的定位，其包装成本可适当放宽，可大于10%。所以100元左右浓香型白酒的包装成本应该控制在15元钱以内。

3. 酒体开发设计

（1）确定微量成分的含量和比例关系　首先确定该产品的独特风格和典型特征，然后确定一种或者几种必用的调味酒和基酒的组成，制定出切实可行的一种或者几种酒体设计方案。

（2）试验小样　根据酒体设计方案，调配几个小样，进行尝评选择，同时核算酒体成本。

（3）调制产品标样　根据小样鉴定结果，配制50 ~ 100kg产品，广泛征集意见，最好能做消费者饮后反应试验，最后修正方案，确定标样。

（4）复查标样　标样还需要经过1 ~ 3个月的储存试验，检查是否有变味、降香等现象，并加以确认和解决。

（5）制定产品的调制工艺和技术要求　根据企业实际情况制定合理的调制工艺和技术要求，并建立产品质量标准、检验方法等。

（6）基酒组合　试制备小样与标样对比，合格后制备大样与小样对比，调味，开始放大样生产。

（7）酒体设计实例　首先选取8种酒样，基本情况见表1。根据对8个酒的数据分析和酒样尝评，初步选择了三个酒样进行组合，这三个酒样分别是1号、6号和8号酒样。根据本品的理化和口感的要求，通过多次的组合调整，确定了三种酒样的比例：1号27%，6号41%，8号32%。组合后的酒样理化指标为己酸乙酯含量1.90g/L，乳酸乙酯1.49g/L，乙酸乙酯0.82 g/L，丁酸乙酯0.25g/L，总酯含量3.73g/L，总酸含量1.05g/L，理化指标达到了产品的要求。感官指标无色透明，窖香较浓郁，酒体较协调，回味甜，尾净有余香，口感与要求略有差异需要调味解决。根据组合酒的口感缺陷，选取其他调味酒进行调味，使感官指标达到要求。将组合好的酒样，进行放置后，再尝，看是否有口感的变化。如有变化需要进一步的微调。

表1　酒样成分含量及口感

编号	含量 /(g/L)						口感
	己酸乙酯	乳酸乙酯	乙酸乙酯	丁酸乙酯	总酸	总酯	
1	2.67	1.55	0.80	0.32	1.06	4.28	酱陈味较好，回甜好，欠醇厚
2	3.14	1.93	1.30	0.35	1.38	5.19	窖香较好，粗糙，尾不净
3	2.03	1.45	0.85	0.35	0.8	3.67	香味不协调，口感粗糙
4	2.49	1.60	1.16	0.25	1.16	4.23	香味较浓郁，后味较涩
5	1.45	0.77	0.88	0.13	0.84	2.51	香味较差，后味较淡寡
6	1.40	0.78	0.62	0.21	0.80	2.47	香味较差，较醇厚
7	2.52	1.61	1.20	0.21	1.21	4.37	窖香较浓郁，粗糙，后味较涩
8	2.32	1.57	1.09	0.23	1.08	3.79	窖香较好，回甜明显，尾净爽

4. 新产品包装设计及打样、生产

新包装及瓶型设计往往需要专业设计师，设计师既要熟悉传统文化，同时又要有创造力、想象力及颠覆传统思维的观念，专业设计酒水行业包装的公司是白酒企业首选。当包装设计完成并得到企业高层同意及通过之后，便到了包装打样及修订阶段。可以确定的是，包装及瓶型的第一次打样往往效果不理想，

且较有名的白酒包装厂由于订单量较多，对新产品打样兴趣不高，甚至还有拖延打样时间。包装及瓶型确定之后，企业即要求包装物供应商快速进行量产。

大批量新的包装物、新的酒体都到位准备好了，就可以进入包装车间进行量产，这时候，一款新酒的开发就全部完成了。

十八、酒瓶酒盒是怎么生产的？

1. 酒盒的材料及加工工艺

（1）包装材料的选择 在包装材料的选择上，纸质容器（纸盒、纸管）仍占主要地位，木质、塑料、金属材料的比例比以往有所增加，竹、柳、草等天然材料仍较少使用。

纸质容器中纸盒又占有绝对的优势，根据酒类档次的不同，材料的选用也有区别。

① 低档酒包装纸盒 采用350克以上白纸板印刷覆膜（塑料膜），模切成型。稍高档些的则采用300克白纸板对裱贴成纸卡再印刷、覆膜、模切成型。

② 中档酒包装纸盒 印刷面多采用250～300克铝箔卡纸（俗称金卡、银卡、铜卡等）与300克左右白板纸对裱贴成卡纸，印刷覆膜再模切成型。

③ 高档酒包装与礼品包装纸盒 多采用厚度为3～6毫米的硬纸板（大跨度的与木板相结合）用人工裱贴外装饰面，粘接成型。

（2）纸质酒盒包装的加工工艺

① 低档酒盒 一般采用白板纸，胶版印刷，再烫金覆膜、压凹凸、一版成型模切。适合其低档酒批量大、成本低的要求。

②中档酒盒 一般采用铝箔卡纸（金卡、银卡、铜卡、镭射等），根据需要制作不同光纹的衬底，大都采用丝网印刷，不但色彩鲜明厚重，而且可以做磨砂、皱纹釉、珍珠粉、亚光、亮光等各种工艺效果。专色印刷后在表面还可以加印各种底纹、烫镭射、电化铝、压凹凸、覆UV光油等。其缺点是，做层次变化的图形比较难。因此为了达到设计效果，又要采用丝印与胶印，或与UV印刷相结合的办法。铝箔卡纸印刷制作完善以后，与印刷有品牌、图形、文字的白板纸对贴成纸板模切成型。

③ 高档礼品酒盒　高档礼品酒盒的加工制作工艺比较复杂，不同的包装采用不同的工艺。如果采用铝箔卡纸印刷，与中档包装的加工工艺类似，不同的是印刷面是人工裱贴到硬纸板上。高档礼品包装大多有装饰内衬垫，内衬垫起美化与缓冲保护作用。内衬垫多采用泡沫塑料或PVC吸塑静电植绒、瓦楞纸卡、纸浆模等。表面多用丝绸、化纤织物、棉麻与皮毛等。内结构用瓦楞纸卡与纸浆模式是今后发展的方向。

2. 玻璃酒瓶的喷涂工艺

从酒瓶制作的材质上看，现代酒瓶的设计生产大胆运用现代各种新材料，从传统的木质、陶质发展到今天的金属、玻璃、塑胶、不锈钢等五花八门的新材质，各种材质的酒瓶显示了各自的特性和风格。综观所有材质，玻璃瓶还是最主流的材质，下面介绍下玻璃瓶的喷涂工艺。

（1）概念简述　所谓喷涂就是为了增强玻璃瓶的艺术感染力，根据相关需求在玻璃瓶上喷上颜色。随着技术的进步，喷涂工艺越来越被白酒制造厂家应用，同时喷涂的表现手法也多样化，颜色可喷单色、多色、渐变色，可全部喷，也可局部喷。

（2）工艺流程　玻璃瓶的喷涂生产线一般由喷房、悬挂链和烘箱组成。玻璃瓶喷涂质量的好坏，同水处理、工件的表面清理、挂钩的导电性能、气量的大小、喷粉的多少、操作工的水平有关。

① 前处理段　玻璃瓶喷涂前处理段包括预脱、主脱、表调等，如果是在北方，主脱部分的温度还不能太低，需要保温，否则处理效果就不理想。

② 预热段　前处理后就要进入预热段，一般需要8～10分钟，玻璃瓶最好在到达喷粉室时要使受喷工件有一定的余热，以便增加粉末的附着力。

③ 玻璃瓶吹灰净化段　若所喷工件的工艺要求比较高，此段必不可少，否则工件上吸附有很多尘埃，加工后的工件表面就会有很多颗粒，使品质降低。

④ 喷粉段　此段最关键的就是喷粉师傅的技术问题了，要想创造优良品质，花钱请技术好的师傅还是很划得来。

⑤ 烘干段　此段要注意的就是温度和烘烤时间，粉末一般以180～200目为佳，具体要看工件的材质。还有烘干炉距喷粉室不宜太远，一般6米为好。

十九、五分钟带你看懂白酒的标志

朋友们经常在购买白酒的时候，被外箱、盒子上面的标志所困惑，"®"是什么意思？"C"表示什么意思？"QS"的含义是什么？产品标准代号是什么？为什么每个酒盒上都有"过度饮酒有害健康"的标志？那么请你花点时间，我来给你解释一下。

1. 注册商标

应标注本企业自己的商标或委托加工企业授权使用的商标，同时注明"注册商标"或用"®"表示。注册商标一般标在包装物的正面。

2. 净含量（"C"标志）

净含量应与产品的名称排在同一展示版面内。净含量的标示应当符合《定量包装商品计量监督管理办法》的规定。这里强调的是单位应为"%vol"，不是以前的"%（v/v）"。净含量和"C"标志，字符高度要求：50mL以下≥2mm；50～200mL≥3 mm；200～1000mL≥4mm；大于1L≥6mm；一般情况下用"L"不用"l"。"C"标志是定量包装商品生产企业计量保证能力合格标志，商品通过认证标上"C"标志，即表明其产品净含量是有保证的，消费者可据此放心购买到符合国家规定要求的产品。由于《定量包装商品计量监督管理办法》的规定，定量包装商品是可以有误差存在，是以产品批次来衡量净含量的，所以即便是标有"C"标志的产品，也不是说每个单件产品是完全足量的。

3. 配料清单（配料或原料）

配料清单中各种配料应按照生产加工食品时加入量的递减顺序进行标注。

4."QS"标志及其编号

白酒产品是实施生产许可证管理的食品，因此必须标注"QS"。

5. 产品标准代号

国家标准、行业标准、地方标准或者是经过备案的企业标准的编号。如：清香型白酒的产品标准代号为GB/T 10781.2，浓香型白酒的产品标准代号为

GB/T 10781.1 等。2004 版 GB 7718 标准规定为"产品标准号"，在新版的标准规定中增加了一个"代"字。

6. 质量等级

如果执行的产品标准中有明确要求时才标注，在清香型白酒、浓香型白酒、米香型白酒的国家标准中都是有质量等级的规定，在标注时一定要按照设计或生产时产品满足的质量等级进行标注。

7. 生产日期

应当用年、月、日表示。生产日期应当另列词头标注，如：裸瓶装产品的生产日期如果在瓶盖上标注的话，那么生产日期应该标注为"生产日期：见瓶盖"；带有包装盒的产品，生产日期标注在盒顶部的话，那么生产日期应该标注为"生产日期：见盒顶部"。生产日期的标注不得另外加贴、补印或篡改。当一个包装物内有多个包装且不是同时生产时，这个包装内的所有日期应按最早生产那个产品的日期进行标注。

8. 储存条件

虽然白酒的质量与储存条件的关系不是太大，但国家标准新版 GB 7718 规定必须标注储存条件。

9. 产地

应当标注白酒产品生产时的真实产地：产地应当按照行政区划分，至少应标注到地市级地域。

10. 生产者的名称和地址

所标注的生产者名称和地址应是依法登记注册、能够承担产品质量责任的名称、地址。有下列情形之一的，按照下列规定相应予以标注：依法独立承担法律责任的公司或者其子公司，应当标注各自的名称和地址；依法不能承担法律责任的公司分公司的生产基地，应当标注公司和分公司或者生产基地的名称、地址，或者仅标注公司的名称、地址；受委托生产加工食品且不负责对外销售的，应当标注委托企业的名称和地址。对于实施生产许可证管理的食品，委托企业具有其委托加工的食品生产许可证的，应当标注委托企业的名称、地址和受委托企业的名称，或者仅标注委托企业的名称和地址；分装食品应当标注分装者的名称和地址，并注明分装字样。

11. 联系方式

必须让消费者清楚地知道生产者的具体联系方式，如电话、传真、E-mail等，至少应标注1项内容。

12. 商品条码

在GB7718中没有规定标注商品条码，但无论是专卖店还是商超，一般都用条码结账，特别是现在的超市，没有标注条码的商品是不允许进入的。因此，笔者认为也是必须标注的内容。国际编码中心分配给我国号码为690、691、692、693、694、695等。一般类型为ENA码。ENA码由条/空和13位数字组成，前7位数字叫厂商代码，接下来的5位是产品代码，最后一位是校验码，是根据前12位数字计算而来的。

13. 警语用语

警语用语是体现人性化的一条劝说语，我们采取了强制标注"过度饮酒有害健康"的要求。

二十、白酒为什么会有酸甜苦辣等味道？

很多朋友在品酒的时候，都会体会到酸甜苦辣等味道，但是这些味道是什么化学成分带来的呢？

1. 酸

白酒中必须也必然具有一定的酸味成分，但含量要适宜，如果超量，不仅使酒味粗糙，而且影响酒的"回甜"感，后味短。酒中酸味物质主要代表物有乙酸、乳酸、琥珀酸、苹果酸、柠檬酸、己酸和果酸等。

2. 甜

白酒中的甜味，主要来源于醇类，特别是多元醇。因甜味来自羟基，当羟基增加时，其醇的甜味也增加，多元醇比一个羟基的醇要甜得多。酒中甜味的主要代表物有己六醇、丙三醇、2,3- 丁二醇、丁四醇、戊五醇、甘氨酸等。白酒中存在适量的甜味是可以的，若太多就体现不了白酒应有的风格；太少，酒无回甜感，尾淡。

3. 苦

白酒中的苦味，常常是由高级醇、醛类化合物和酚类化合物而引起的。主要代表物有正丙醇、正丁醇、异丁醇、异戊醇、糠醛、丙烯醛等。

4. 辣

辣味，并不是属于味觉，它是刺激鼻腔和口腔黏膜的一种痛觉。而酒中的辣味是由于刺激痛觉神经所致。适当的辣味有使食味紧张、增进食欲的效果。但酒中的辣味太大不好，酒中存在微量的辣味也是不可缺少的。白酒中的辣味物质主要代表是醛类，如糠醛、乙醛、乙缩醛、丙烯醛、丁烯醛等。

5. 涩

涩味，是通过刺激味觉神经而产生的。涩味物质使舌头的黏膜蛋白质凝固，产生收敛作用，口腔、舌面、上腭有不滑润感，导致涩味。白酒中呈涩味的物质，主要是乳酸、单宁、醛、醇等物质。例如乳酸、乳酸乙酯、正丁醇、异戊醇、乙醛、糠醛等。

6. 咸

白酒中存在的咸味物质有卤族元素离子、有机碱金属盐类、食盐等，这些物质在酒中稍超量，就会使酒出现咸味，危害酒的风味。

7. 臭味

白酒中带有臭味，当然是不受欢迎的，但是白酒中都含有臭味成分，只是被刺激的香味物质所掩盖而不突出罢了。一是质量次的白酒及新酒有明显的臭味；二是当某种香味物质过浓和过分突出时，有时也会呈现臭味。臭味是嗅觉反应，某种香气超常就被视为臭味；一旦有臭味就很难排除，需有其他物质掩盖。白酒中能产生臭味的有硫化氢、硫醇、杂醇油、丁酸、戊酸、己酸、乙硫醚、游离氨、丙烯醛和果胶质等物质。

8. 油味

白酒应有的风味与油味是互不相容的。酒中哪怕有微量油味，都将对酒质有严重损害，酒味将呈现出腐败的哈喇味，这种情况就是酒中含有各种油脂物质。

9. 糠味

白酒中的糠味，主要是不重视辅料的选择和处理的结果，使酒中呈现生谷壳味。

10. 霉味

酒中的霉味，大多来自辅料及原料霉变造成的。

11. 腥味

白酒中的腥味往往是金属物质造成的，常称之为金属味。酒中的腥味来源于锡、铁等金属离子。

12. 焦煳味

白酒中的焦煳味，来自生产操作不细心，不负责任粗心大意的结果。其味就是物质烧焦的煳味，例如，酿酒时因底锅水少造成被烧干后，锅中的糠、糟及沉积物被烧焦所发出的焦味。但是酱香型白酒在五轮次以后，会有轻微的焦煳味，这个是正常的，不属于异杂味。

二十一、白酒酿造时产生各种味道的原因

1. 产生酸味的主要原因

① 酿造过程中，卫生条件差，产酸杂菌大量入侵，生成大量酸性物质。

② 配糟中蛋白质过剩；配糟比例太小；淀粉碎裂率低，原料糊化不好；熟粮水分重；出箱温度高；箱老或太嫩；发酵升温太高（38℃以上），后期生酸多；发酵期太长，都将引起酒中酸味过量。

③ 酒曲质量太差；用曲量太大，酵母菌数量大，都使糖化发酵不正常，造成酒中酸味突出。

④ 蒸馏时，不按操作规程摘酒，使尾水过多地流入，使高沸点含酸物质对

酒质造成影响。

2. 产生甜味的主要原因

① 生产中用曲量太少；酵母菌数少，不能有效地将糖质转化为乙醇，发酵终结时糖质过剩而馏入酒中。

② 培菌出箱太老；促进糖化的因素增多；发酵速度不平衡，剩余糖质也馏入酒中。

3. 产生苦味的主要原因

① 原辅材料发霉变质；单宁、龙葵碱、脂肪酸和油质含量较高的原料易产生苦味物质，因此，要求清蒸原辅材料。

② 用曲量太大；酵母数量大；配糟蛋白质含量高，在发酵中酪氨酸经酵母菌生化反应产生酪醇，它不仅苦，而且味长。

③ 生产操作管理不善，配糟被杂菌污染，使酒中苦味成分增加。如果在发酵糟中存在大量青霉菌；发酵期间封桶泥不适当，致使桶内透入大量空气、漏进污水；发酵桶内酒糟缺水升温猛，使细菌大量繁殖，这些都将使酒产生苦味和异味。

④ 蒸馏中，大火大汽，把某些邪杂味馏入酒中引起酒有苦味。这是因为大多数苦味物质都是高沸点物质，由于大火大汽，温高压力大，都会将一般压力蒸不出来的苦味物质馏入酒中，同时也会引起杂醇油含量增加。

⑤ 加浆勾调用水中碱土金属盐类、硫酸盐类的含量较高，未经处理或者处理不当，也直接给酒带来苦味。

4. 产生辣味的主要原因

① 辅料（如谷壳）用量太大，并且未经清蒸就用于生产，使其中的多缩戊糖受热后生成大量的糠醛，使酒产生糠皮味、燥辣味。

② 发酵温度太高；操作条件不清洁卫生，引起糖化不良，配糟感染杂菌，特别是乳酸菌的作用产生甘油醛和丙烯醛而引起异常发酵，使白酒辣味增加。

③ 发酵速度不平衡，前火猛，吹口来得快而猛，酵母过早衰老而死亡，引起发酵不正常，造成酵母酒精发酵不彻底，产生了较多的乙醛，也使酒的辣味增加。

④ 蒸馏时，火（汽）太小，温度太低，有些高沸点的辣味物质不易挥发，

辣味增大。

⑤ 未经老熟和勾调的酒辣味大。

5. 产生涩味的主要原因

① 单宁、木质素含量较高的原料，未经处理（浸泡）和不清蒸，直接进入酒中或经生化反应生成涩味物质，馏入酒中。

② 用曲量太大；酵母菌数多；卫生条件不好，杂菌感染严重；配糟比例太大。

③ 发酵期太长又管理不善；发酵在有氧条件下进行，杂菌分解能力加强。

④ 蒸馏中，大火大汽馏酒，并且酒温高。

⑤ 成品酒与钙类物质接触，而且时间长（如石灰）；用血料涂刷的容器储酒，使酒在储存期间把涩味物质溶于酒中。

6. 产生糠杂味的主要原因

① 料没精选，不合乎生产要求。

② 辅料没有经过清蒸。

③ 谷壳常常糠味夹带土味和霉味。

7. 产生腥味的主要原因

① 盛酒容器用血料涂篓或封口，储存时间长，使血腥味物质溶到酒中。

② 用未经处理的水加浆勾调白酒，直接把外界腥臭味带入酒中。

8. 产生焦煳味的主要原因

① 酿造中，直接烧干底锅水，焦煳味直接串入酒糟，再随蒸汽进入酒中。

② 地甑、甑箅、底锅没有洗净，经高温将残留废物烧烤、蒸焦产生的煳味。

二十二、白酒品评能手、省评委、国家评委是怎么选拔出来的？

很多朋友对于白酒品评技能大赛感觉十分神秘，那么笔者给大家来讲一下各种级别的白酒品评比赛一般都考些啥？白酒品评能手、省评委、国家评委是怎么选拔出来的？

1. 理论培训主要内容

①白酒感官质量发展变化的研究；②浓香型白酒原酒质量鉴评；③酿酒微生物；④浓香型白酒生产关键质量控制；⑤酱香型白酒生产关键质量控制；⑥清香型白酒生产技术；⑦白酒感官尝评技术；⑧色谱分析在白酒生产中应用；⑨白酒酒体设计研究；⑩中国白酒十二种香型工艺特点及品评要点；⑪白酒生产质量安全；⑫白酒生产的后处理。

2. 理论考核题的产生

理论复习题由授课教师分别命题，题型包括填充题、判断题、单选题、多选题和问答题。复习题的范围全部来自授课老师提供的资料或课堂讲授内容。范围广，既有基础知识，也有较深的理论，包括白酒生产各工序，涵盖白酒酿造原辅料、微生物、制曲酿酒工艺、发酵设备、尝评、储存、勾调、后处理、分析及食品安全等。复习题从各授课老师提供的题中由专家组及领导审核，从中选出一部分，供学员复习之用。领导小组指定某一专家从教材和复习题中组合成三套题，专人负责打印、核对。理论考核当天，由专家和学员代表在考场当场从三套题中抽出一套，作为考题。真正体现出严谨、公平、公开、公正。

3. 感官质量考核为重点

中国酿酒工业协会"白酒品评能力测试表"见图3。首先解释表中几个词汇，重复杯号（重现）是找出同轮5杯酒中完全相同的两杯或者两杯以上酒，再现是找出本轮中与前某轮中完全相同的一杯或一杯以上酒，质量排序（质量差）是把5杯酒按酒质优劣排出顺序。白酒感官质量评委，要既懂生产，更要熟练鉴评。故每一次的培训考核，都以白酒感官质量考核为重点。以某年的省评委考试为例，考核共9轮，每轮5杯酒样。第一轮，原酒酒度差，要求按酒度高低排出顺序；第二轮，鉴别香型，要求写出香型、糖化发酵剂、发酵容器；第三轮，白酒中的异杂味，要求指出每杯号的异杂味，并指出产生原因；第四轮，浓香型酒质量差，要求写出香型，按酒质优劣排出顺序；第五轮，川法小曲酒质量差，要求写出香型，按酒质优劣排出顺序；第六轮，酱香型酒质量差，要求按酒质优劣排出顺序，并找出两杯重现号；第七轮，浓香型酒质量差，要求按酒质优劣排出顺序，并找出三杯重现号；第八轮，香型、重现、糖化发酵剂、发酵设备，按上述要求分别填写，每项分别给分，但香型写错，则该号全错；

第九轮，香型、再现、评分、评语，按上述要求分别填写，每项分别给分；再现隔轮某号酒。感官质量鉴评考核，既考虑全国各香型白酒，又结合本省的特点，从严从难考核评委。

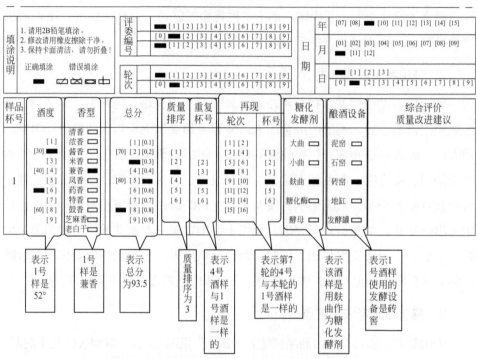

图3 中国酿酒工业协会"白酒品评能力测试表"

4. 考场规范，纪律严明

由于参加培训考核的人员众多，无法一个考场解决，故分为多个考场，考场内桌椅排列整齐，有一定的间距，桌面全部铺上干净的白布。桌子上除一瓶水、准考证、身份证和笔外，不能有任何东西。手机和学习资料不准带入考场。考场外有专人站岗把手，场内有监考员、巡考员、监察员监督。考场内鸦雀无声，纪律严明。认真、公平、公正的考核，为白酒发展培养和选拔人才。

5. 阅卷

考完之后，考卷将考号、姓名密封装订后交给阅卷组。阅卷工作由青年专家、国家评委担任，先讨论标准答案，统一扣分标准，再行阅卷。阅卷后交由老专家组成的审核、仲裁组审核。阅卷工作认真细致，体现出严谨的作风，对参加考核的学员负责。

及时公布成绩。阅卷、审核毕，即交统分组统分，统分结束，及时公布成绩。每轮次的要求、各项目的分值，各轮次的得分都公布，按分数高低排序录取新的评委，充分体现公平、公开、公正。

二十三、用酒粉加水冲调出一杯酒，这个也可以?

现在有各种即时速溶粉末饮料，咖啡粉、奶粉等早就屡见不鲜，可是你听说过酒粉么? 没错，就是把酒粉倒入杯子里，用水冲调，可以得到你所喜爱的酒精饮料。

在美国已有粉末酒精的报道，其中共有 6 种不同的风味，分别为 "V"、"R"、Cosmopolitan、Mojito、Powderita 和 Lemon Drop。其中，"V" 和 "R" 分别由伏特加和朗姆酒制成，其余 4 款为鸡尾酒。在德国，有商品名为 Subyou 的粉末酒精出售，有四种口味，65g 包装，与 250g 水混合可得酒精度为 4.8% 的酒。那么我来给大家讲一讲，到底粉末酒精有哪几种，它调制的原理是什么?

1. 将酒精包裹在明胶或变性淀粉内

该方法原是 1974 年 1 月美国专利，后转让给日本。其基本原理是，将酒精、水、水溶性物质混合组成一种溶液，充分搅拌后，在尽可能低的温度下，将溶液喷雾干燥，这样获得的固体产物中水分几乎全被除去，而酒精被包裹起来留在水溶性物质内，俗称粉末饮料酒。所用的水溶性物质可以是食用明胶，或者是一种或多种很容易溶解于水的变性淀粉，例如氧化淀粉、酯化淀粉、醚化淀粉及其类似物; 或者是变性淀粉和食用明胶的混合物; 或者是 CMC（羧甲基纤维素）。

2. 用膨胀的低 DE 值糊精吸附酒精

在一项美国专利中，介绍了利用某些变性的碳水化合物，当它和酒精接触并混合时便吸附大量酒精，利用这种特性来生产含有酒精的流动性粉末。在粉末中配上各种香料，若再加水稀释便成可口的酒精饮料。使用分子量相当于 5 ~ 15 个葡萄糖分子量的淀粉水解物，通过它的膨胀来完成吸附酒精的功能。即增加特定的低 DE（葡萄糖当量）值糊精的体积和有效表面积，并使膨胀的糊精和酒精按比例进行混合，便有足够的吸附酒精能力，生成含有30% ~ 60%（重量）酒精的干的可流动粉末。将这种含有酒精的粉末密封包装，它除了含有60%酒精（按重量计）还含有4.6%水分。它保持着化学稳定性和可流动的物理状态。这种产物有着良好的冷水溶解性和能重新构成无甜味、低黏度、清澈而起泡的溶液性能。

3. 用乙基碳酸钙制成干粉

一项美国专利介绍，用粉末状的烷基碳酸钙和在水中能分散的酸性增香剂组成的酒精饮料干粉，将它装在透明的有渗透性的密封袋里。将粉末状的乙基碳酸钙打碎，与水接触便生成酒精和碳酸钙，并能释放出作为气泡的CO_2。这个化合物能用来作为酒精饮料的醇来源。

随着科技的不断进步，人们对酒的概念也在不断更新，在继承传统工艺的前提下，大力发展科技创新，酒的世界将变得越来越五彩缤纷！

二十四、有些白酒为什么卖得贵？

有些朋友总在问，为什么有些白酒比如茅台动辄上千元，而有些白酒几十元甚至十几元就可以买到？实际上以酱香型白酒为例，很多人推算，5斤粮食一斤酒，本地小高粱不过三四元一斤，曲药成本也不过三四元一斤，人工、水电气、管理、销售成本怎么也不可能支撑茅台酒上千元的价位。那么为什么以茅台为代表的酱酒这么贵呢？为什么国窖1573，五粮液也卖得这么贵呢？

1. 地理环境不可复制

茅台酒为什么动辄上千元，一度还卖到两千元以上？白酒酿造讲究"水、土、气、生"。首先说水，遵义地区有着赤水河的滋养和星罗棋布的泉水，根据当地地质部门的检测，赤水河含有多种微量元素，如钾、钙、镁、铁、硫、磷、锰、铜、锌、硒等，遵义地区地层的深井，与赤水河地下相通连，井水中也含有这些微量元素。例如茅台酒的酿造用水，无色、透明、无臭、微甜、爽净，水的总硬度为9.46°，pH值为7 ~ 7.8，固形物中含有对身体有益的成分，这种泉水适于茅台酒酿制。然后说土壤，遵义白酒产区以茅台为核心，整个产区沿赤水河谷遍布的紫色砂页岩、砾岩形成于7000万年以前，土壤表面的紫色土层，酸碱适度，无论地面水和地下水都通过两岸的紫土层流入赤水河中，溶解了多种对人体有益的微量元素，这些土壤做窖泥有益于酿造优质酒。再说气候，赤水河谷冬暖夏热少雨的独特小气候造就了遵义白酒产区内以茅台、习酒、国台为代表的优质酱酒。最后说微生物环境，遵义白酒产区独特的水质、土壤、气候都导致这里的微生物富集，这里以茅台为核心，空气中微生物夏季有细菌 72 种分属 32 个属，真菌 53 种分属 33 个属，水中细菌 178 种分属 82 个属。这些微生物造就了好酒。还有遵义白酒产区的原材料，酱香酒酿造所用粮食为赤水河畔出产高粱，颗粒大而产量高，富含淀粉、氨基酸，单宁含量适中，是酿造上乘白酒的极品原料。泸州、宜宾产区的泸州老窖、五粮液也是如此，具有独特地理环境，不可复制。

2. 品质控制严格有序

酱香型白酒，按照正规大曲酱香，是以本地小高粱经过九次蒸煮，八次发酵，七次取酒，高温制曲，高温堆积，高温馏酒，生产周期长，制曲周期长，基酒储存周期长，而且茅台等企业严格执行 HACCP、ISO14001、ISO9001 等国际标准体系，与世界级生产制造型企业执行标准接轨。杜绝串酒碎沙等工艺，保证了茅台酒的高品质。虽然工艺不尽相同，但是国窖 1573、五粮液在品质控制方面也是很严格的。

而劣质白酒，大多外购低档白酒原浆或食用酒精，经过一定加工处理，具备了某种宜人风味后加以销售。

3. 储存年份彰显珍贵

普通茅台的基酒最少是存放 3 年以上，成品酒从生产到出厂至少 5 年。这个 5 年已经使得其成本价值高，比很多 1 年生产甚至直接酒精勾兑的白酒要贵很多也是正常的。由于老酒的稀缺，越是年份长久的茅台，价格越是贵。例如普通茅台 1000 多元，十五年茅台 6000 多元，三十年 16000 元左右。而国窖 1573 更是标榜其着四百多年历史的窖坑。

4. 品牌文化沉淀内涵

1915 年，北洋政府以"茅台公司"名义，将瓦罐包装的茅台酒送到巴拿马万国博览会参展，外国人对其不屑一顾。一名中国官员情急之下将瓦罐摔碎，顿时，酒香扑鼻，惊倒四座，茅台酒终于一举成名。中华人民共和国成立以来，无数次的重大活动，茅台酒都被当作国礼，赠送给外国领导人。茅台、国窖1573、五粮液等名酒，都是有着深厚品牌文化内涵的酒，价格自然不菲。

5. 科技创新独树一帜

有些白酒通过科技创新，生产出了行业里面独树一帜的产品，因为稀缺所以也卖的相对较贵。比如贵州国台酒业股份有限公司生产的18度酱香酒，从工艺上克服了诸多难关，在酱香白酒行业里面，是度数最低的酒，而市场价格却卖到299一瓶，按照度数折算成53度，也是近千元一瓶，可谓高价低度的酒。这款白酒具有酱香清雅、酒体柔和、自然协调、尾味爽净的特点。

二十五、夏天把白酒放汽车后备厢靠谱吗？

品酒师们最先发现：同样的一款酒，在不同地方品鉴时，会出现不同的口感。经实验，他们最后认定是温度捣的鬼，当周围温度超过30℃的时候，酒体内富含香味物质的大分子原本稳定的结构会出现变化，从而影响了酒的口感。所以，夏天把白酒长期放在后备厢，日照温度长期在30℃以上，会影响酒的口感，严重的还会造成火灾隐患。如果只是短期存放，而且保证车辆后备厢的温度不会高于30℃以上，那么还是可以的。

瓶装白酒应选择较为干燥、清洁、光亮和通风较好的地方，相对环境湿度在70%左右为宜，湿度较高瓶盖易霉烂。白酒储存的环境温度不宜超过30℃，严禁烟火靠近。容器封口要严密，防止漏酒和"跑酒"。玻璃瓶装白酒不宜让强光直接照射，可以将瓶装白酒放在阴凉干燥的储藏室。

防止"跑酒"的办法有以下几种。

（1）把瓶盖重新再拧紧一下。有些酒出厂时瓶盖本身可能就是松动的，那存放后"跑酒"的后果该是可想而知了！这是防止"跑酒"必须要做的第一件事。

（2）把食用蜡放进金属容器里加温，待蜡融化成液体后，把酒瓶倒过来，将瓶盖直接在容器里浸一下即可。这种做法的缺点是，如果蜡温度过高，塑料瓶盖容易变形；另外，如果漏酒很严重，酒瓶刚倒过来酒就漏了，蜡封不成功。

（3）把已经融化好的食用蜡，用刷子涂上瓶盖和瓶口的连接处即可。这种做法的缺点是，破坏了瓶盖的原始状况，尤其是塑料盖上原有的保护膜进了蜡，不容易还原。

（4）用保鲜膜将瓶口仔细包好，用透明胶带缠，瓶口位置将胶带绷直拉紧，多绕几圈。透明胶带有个特性，时间越长自身缠得越紧，一定别忘了留出一段胶带头，要不拆时就难了。但是这种做法防"跑酒"效果比封蜡稍差。

（5）最好的办法是，先拧紧瓶盖，用保鲜膜将瓶口仔细包好，用透明胶带缠紧，再封蜡。这样适合长期储存。

白酒一般是没有保质期的，但这并不意味着酒存放的时间越长越好，普通质量的白酒到5年以后，口味变淡，香味会减弱，所以收藏优质的白酒才有存放价值，特别是酱香型白酒。低度白酒，尤其是32度以下的白酒，摆放时间越长越容易引起性能改变，失去白酒本来固有的特性。国家严格规定，要求乙醇含量10%以下的饮料酒等，必须标注保质期。

二十六、我们一起来收藏老酒吧！

2011年4月10日，在贵州省拍卖公司举办的"首届陈年茅台酒专场拍卖会"上，一瓶"精装汉帝茅台酒"以996.8万元成交（含佣金），刷新了茅台酒拍卖成交价格的历史纪录，该酒于1992年生产，当时只有10瓶，每瓶的包装物就花了百万左右。不久前，在上海嘉禾拍卖推出的陈年老酒专场拍卖会上，一坛700多斤1963年的泸州老窖年份老酒拍出了1100万元的天价，刷新了白酒拍卖场单一标的物成交额的新高。当前国内的老酒保藏仍处于成长期，但伴随着"酒越陈越香，越老越值钱"这样观念的影响，老酒成了近几年收藏市场中的香饽饽，吸引了不断增加的人投入其中。

1. 老酒（年份酒）能用仪器鉴定么？

老酒（年份酒）的鉴别现在主要是挥发系数判定法、碳十四同位素检测法、荧光光谱法三种检测方法。挥发系数是指当溶液的蒸气与溶液达到热力学平衡时，蒸气中某种挥发性物质的含量与溶液中该种挥发性物质的含量之比。该方法利用热力学平衡原理和多台精密检测仪器联用技术，检测年份酒中微量香味成分的挥发系数值，然后根据挥发系数值与储存时间的标准曲线图谱，即可准确地鉴别酒的储存年份。这一方法主要是由剑南春集团提出并推广应用的，在其他香型白酒的年份酒鉴定中仍在继续探索。

2. 大家最关心的茅台老酒收藏

鉴定老酒需要足够的经验，要对各种酒的商标史、包装史了如指掌。以茅台酒为例，要知道从 1950 年起，几十年来共使用了多少种商标，哪些用于出口哪些用于内销，用的是什么材质的纸张，什么油墨印刷的；要知道这些商标分别使用于哪些具体年份；再细一些，不同的年份，茅台酒商标的图案、尺寸都是不同的，哪怕是微小的不同也需要熟练掌握。在包装上，共使用过多少种瓶子，瓶子的大小尺寸和材质也有不同；还有酒标和背贴，不同年份上的文字、尺寸也有不同。更重要的是瓶口，如果是旧瓶装新酒，瓶盖就是鉴定真伪的核心。在所有的名酒中，茅台酒厂对它的瓶盖似乎最下工夫。例如 20 世纪 50 年代的茅台酒，封口比较特殊，使用的是软木塞，外包猪膀胱（猪尿泡）封口。20 世纪 60 年代后，部分采用的是塑料塞外拧塑料盖或金属盖，外面再用塑封的办法，期间的一些年份还使用了飘带。这些塑料盖以及塑封皮子在不同的年代颜色也有不同，大小高矮也有不同，封口的鉴别要看封膜是否破败不堪、爆裂无形，看密封完好无损还是有松动现象，有无人为做旧的痕迹；如果封口属真但是封口底部有破损，那么酒中乙醇和香精等成分会有挥发，此状态的老酒，其状态会大打折扣。但如果酒瓶的材质优良，封口底部完好无损，储存酒的自然条件（如避光、室温、通风等）达标时，就能保证酒的品质口感无异味，适宜人的饮用。这里不能一概而论，应视具体情况而定。还有外包装，有的时期有盒，有的时期无盒，有的时期仅仅用一层棉纸包装。

比如 20 世纪 80 年代中期茅台酒有"暗记"，其中一处在瓶盖封膜顶部，由"茅台"二字的变形字体组成，是在封膜材料制作时印上去的，安装到瓶盖上以后，由于封膜干燥收缩，形成了一个非常特别的标志。字体的形状、忽隐忽现的笔画使制假者非常难以模仿。又如茅台酒的日期显示，除 20 世纪 90 年代有三年是用红色字体显示外，其余时间全部是用深蓝（黑）色墨水打印日期。制假者不了解这一特征，在不该用红色墨水的时间用红色墨水打印日期，结果成了明显的"一眼假"。

3. 老酒鉴别的简易方法

（1）看包浆　所谓包浆，是指岁月在酒瓶上留下来的痕迹。如同一个老人，岁月会在其脸上留下皱褶和色斑。酒也一样，年代越长，包浆越深重。包浆是在长期的存放中自然形成的，是灰尘、水分、雾霾、紫外线等共同作用的结果。自然包浆的特征是陈旧、黄黑、熟滑、幽光，有层次感，有积淀感。与新品的鲜亮、浮躁、干涩、贼光正好相反。假包浆一般是用茶水、酱油醋、铁锈等为原料，经人工侵蚀打磨而成。鉴别时，一是看，看其颜色是否自然。太黑、太旧、太破烂的形状往往是人工做旧。二是闻，闻包浆表面有无异味。三是擦，用手指或抹布擦拭包浆表面，看看能否轻易擦掉。凡颜色不自然，有异味，轻易能擦掉的包浆往往是人工制作的。

（2）看酒花　　酒花是指摇晃酒瓶时产生的酒液气泡。方法是，一只手拿紧酒瓶，上下快速晃动三四下，观察酒液表面骤起的小气泡。一般情况下，越老越好的酒酒花越多越细密，停留的时间也越长（30秒左右）。但60°以上的白酒酒花稍大一点（如绿豆），停留的时间也稍短一点（十几秒）。40°以下的低度酒酒花非常少，几乎没有。停留的时间更短（几秒钟）。假酒一般用劣质酒制作，或者用低度酒冒充高度酒，酒花稀疏而停留时间短。但是随着科技的发展，制假手法也有翻新，用添加剂制作酒花。识别这类假酒，主要是看酒花的大小、颜色和停留时间。用添加剂制作的酒花往往过于细密，颜色发白，如同洗衣粉泡沫。而且停留的时间特别长（一二分钟）。遇到这种情况就要特别注意鉴别。

（3）看特征　　即酒瓶包装上的特征。任何一款酒，都有其独特的特征。这些特征反映在酒瓶制作、封膜材质、商标印刷、日期显示、文字图案形状等方面。有些特征是无意形成的，比如在印刷过程中产生。有的特征是生产厂家有意制作。掌握了酒的特征，才能提高鉴别的能力。

4. 老酒收藏入门的原则

（1）选择名牌　　目前收藏圈内比较认可的名牌是"17大名酒"（1989年第五届全国评酒会评出来的茅台、五粮液等17种金奖名酒）和"55大名酒"（1989年同时评出来的龙滨、德山、安酒等55种银奖酒）。除了这些国家级名酒，各省市评选出来的名优酒也在选择范围内。名酒的升值空间要大于普通酒。

（2）选择"次热品牌"　　所谓"次热品牌"是指一些具有升值潜力，目前还没被炒得太热，价格也不太高的品牌。如17大里面的汾酒、西凤酒、双沟等以及 55 大里面的大部分品种。

（3）选择量小的品种　"物以稀为贵"。由于各地区的生活习惯及消费水平不同，老酒存留下来的数量也不一样。有的量大，有的量小，有的几乎成为孤品。如沧州薯干白酒、浏阳河小曲、广东长乐烧、玉冰烧等。20 世纪 80 年代以前存留下来的酒数量相当少，价格自然高涨。

（4）选择年代久远的酒　同等条件下，年代越久远越值钱。

（5）选择品相好的酒　所谓品相好，是指酒瓶完好、盒标齐全无缺损、酒液较满的酒。凡是老酒都有自然挥发，一般跑酒在 40 毫升以内的都在可接受范围。跑酒越少越好。

二十七、夏日饮酒，冰饮还得这些来

1. 国外烈酒

几乎所有的烈性洋酒都可以加冰喝。比较优质的威士忌和白兰地特别适合，当然，专业人士会赶紧提醒你说，威士忌要用圆冰啊！圆冰的密度高，制作过程复杂，通常要提前两三天制作，但最能凸显你的品位！其实如果你不是顶级爱酒客、品酒师，只是闲来微醺逍遥，普通冰块也未尝不可，只是请你用优质矿泉水来制作，这样能增加酒体的结构感。至于伏特加，加冰也可以，但最好是冷冻至零下 15 度以下后直接净饮。其他的朗姆、金酒等，一般作为鸡尾酒的基酒较多见，加冰饮也可以。

2. 啤酒

啤酒在微冰时泡沫最丰富，既细腻又持久，舒适爽口。夏日之际，微微冰凉瓶外结霜的啤酒应该是口感最佳的，这种温度的冰啤酒可使酒的香气完美地挥发出来。冰啤酒最好一口要喝到 15 毫升以上，不宜细饮慢酌，应该大口喝。如果喝少了，冰啤酒在口中升温会加重苦味，也就感受不到啤酒特有的香味了。

冰啤酒要与适当的食物搭配在一起。如比较顺口的淡啤酒，气味较不具刺激性，可以与鱼类、汉堡、咖喱等搭配；有微微水果味的淡啤酒可与色拉、鱼类、猪肉、汉堡等搭配；而酒体较清澈，有浓厚麦芽味的啤酒可以与比萨、鱼类搭配；顺口味醇、带有核果味的啤酒最好与鸡肉、色拉、猪肉等搭配；酒体不透明，浓烈且带有巧克力味的烈性黑啤酒可与口味浓厚的甜点或肉类搭配。

3. 黄酒

有些地方夏天流行将黄酒加冰后饮用。即在玻璃杯中加入一些冰块，注入少量的黄酒，最后加水稀释饮用，有的还可放一片柠檬入杯内。其实比较适合天热时喝黄酒的方法应该是，在不低于 10 年的陈酿花雕里放入几颗话梅（不要放姜和枸杞子），用电热壶（最好是用小砂锅）加热微开后再煮 10 分钟左右，待降至室温即可入冰箱冰镇，以 10 ~ 15℃为佳，加冰块饮用亦可。喝黄酒不宜似啤酒之牛饮，小口小口地慢饮方可觉其真味。但是饮黄酒前还是要多吃些东西，天热时候适宜搭配一些凉性菜肴，如苦瓜、冬瓜等，可以压一下黄酒温热的性质。另外，还要看个人的体质，有人属于寒性体质，夏天仍然手脚冰凉，适当饮用一些黄酒来暖胃，带动血液循环还是非常不错的。

4. 葡萄酒

白葡萄酒侍酒温度偏低，大部分白葡萄酒的最佳饮用温度在 7 ~ 10℃之间，所以在饮用长相思、霞多丽、灰皮诺等类型的白葡萄酒时，需在饮用前二十分钟将其从冰箱中取出，使其慢慢升温，充分释放其本身的香气。而对于那些酒体饱满的高品质白葡萄酒如品质优异的勃艮第白葡萄酒、年份霞多丽白葡萄酒等来说，则需在饮用前提前半个小时将其从冰箱里拿出来。

很多人认为红葡萄酒在室温条件下饮用，口感最佳。事实上，虽然相比于白葡萄酒和起泡酒，红葡萄酒的侍酒温度相对而言较高，但其理想的侍酒温度还是稍微低于室温（13℃）。一瓶红葡萄酒如果是直接从酒窖中拿出来的，则不需要冰镇，直接饮用就好。而对于那些不是储存在酒窖中的红葡萄，饮用前最好在冰箱内冰镇二十分钟。

5. 白酒冰饮可以吗?

市场上这么多白酒，为什么白酒没有明确提出可以冰饮呢? 因为并不是所有的白酒都适合冰饮，一般的白酒冰镇后会出现沉淀，有的白酒加冰后会出现很明显的水味，影响口感。

60°和 52°国窖 1573 因为在勾调时达到了绝妙的酒水缔合度，使酒拥有极高的品质，加冰之后口感只会更好，而不会降低。冰镇之后，酒体愈加平衡，品味愈加醇美，在炽热的夏季，啜入一口冰饮白酒，入口的清爽、入口时的简单明快、入口时的芳香宜人都会让人不自觉地陷入它所构造的清凉酷爽中。18°国台酒，加冰饮用，更具有酱香突出、回味悠长的特点。

在调制类似鸡尾酒的时候，国外的酒由于储存方式为橡木桶，其酒质相当醇和，酸酯含量低，适合调配作为底酒，而中国的白酒大多以瓦缸储存，香气浓郁而酸酯含量相对更高。就加冰勾调的口味来说，建议以清香型白酒为主，相比酱香、浓香型白酒，其酸酯比例更低，口感会更显清雅、柔和。

二十八、酒类生产废料的再利用，你知道吗？

媒体报道，新西兰本地一家啤酒厂将啤酒生产中的麦芽废渣，也就是业内所称的麦芽浆用来提炼乙醇，将其提炼至可以与汽油混合的纯度，将10%的麦芽浆提取乙醇和90%汽油的混合，就可以成为汽车燃料。而英国一位生物化学教授展示了首批利用酿造威士忌产生的废料生产的汽车燃料。此前威士忌生产过程中产生的废料都被收集起来加工成饲料，但此次却成功运用丙酮－丁醇－乙醇发酵方法把这些废料转化为生物燃料。其实酿酒的废料利用，一直都是研究的热点，下面我给大家盘点一下白酒生产中废料的再利用。

酿酒企业的主要废弃物为丢糟、黄水、有机污水、燃煤烟尘等。其中丢糟、黄水已经完全循环利用，只是考虑如何提高其加工深度和精度，进一步提高其技术附加值，控制产值的资源消耗；有机污水已经处理到能够养鱼的程度而排放；燃煤烟尘通过处理后，已达到排放标准。

比如某大型白酒集团公司对酒类生产废料利用，践行循环经济的主要成果有以下几点。

（1）革新工艺技术和装备　采取禁止冲洗生产场地，酿酒冷却水回收利用，锅炉冲渣水和除尘废水循环利用，以聚酯瓶替代玻璃瓶作为低价位白酒的包装等措施，不断地对传统工艺装备进行革新，取得了显著的成效。每年节约新鲜用水526.35万吨以上，减少约50%的运输量，降低生产成本534.35万元。

（2）无害化、效益化处理丢弃酒糟　用丢弃酒糟生产复糟酒，废弃丢糟送至锅炉房产蒸汽，丢糟灰生产白炭黑，形成了年处理丢糟50万吨，每年增产原酒1.5万多吨，丢糟燃烧年产90万吨蒸汽，稻壳灰生产白炭黑5000吨的资源链式开发。基本实现了资源化利用、无害化处理、减量化排放，彻底解决了酿酒丢糟污染的问题。

（3）乳酸工程　投资 3300 余万元建成乳酸工程，日处理高浓度底锅水 180 吨，年产乳酸 1800 吨，乳酸钙 300 吨。利用底锅水生产乳酸后，酿酒底锅水化学需氧量（COD）排放量降低 75% 以上，每年降低 COD 排放量达 7000 多吨。年新增销售收入 800 万元，利税 50 万元。

（4）超临界二氧化碳萃取工程　运用超临界二氧化碳萃取技术，年处理结晶母液 2000 吨，提取呈香呈味物质 120 吨，使乳酸生产过程产生的废液得到了 100% 再利用，实现了清洁生产。

（5）废水厌氧发酵生产沼气及煤沼混烧技术　投入资金 1.27 亿元，建成了废水处理一站、废水处理二站、废水处理三站、废水处理四站等废水治理设施，均采用能耗低、效益好、效率高的污水处理新技术对废水进行利用和处理。形成了日处理高浓度有机废水 1.3 万吨的能力，不仅使生产废水实现了达标排放，而且厌氧发酵可日产沼气约 10 万立方米。将废水处理产生的每天约 10 万立方米沼气，全部输送至煤沼混烧锅炉燃烧生产蒸汽，可替代原煤约 100 吨 / 日，减少煤渣排放量约 40 吨，减少二氧化硫排放量约 6 吨。

如何在生态环境日趋恶劣的情况下，发展循环经济，做好酒类生产废料的再利用，将是白酒企业下一步需要仔细研究的课题。今后必将大力发展生态酿酒，生态酿酒是利用生态学技术，使酿酒产业完成了从依赖自然环境到理性建设与保护环境的升华，利用产前、产中、产后所涉及的资源，进行清洁生产，形成低投入、低耗能、高产出、无污染的良性循环生产链，更深层次地使酿酒产业持续、协调、健康地发展。

二十九、低度酒是怎么生产的？

白酒的生产用水，有一部分是作为白酒降度用水。所谓降度就是将白酒的度数降低，这个通常是为了满足消费者需求而勾调出低酒精度的产品。大家都知道，喝度数低的白酒不容易醉，可是低度酒是怎么生产的呢？仅仅加水降度就可以了么？

1. 低度酒的生产流程

优质基酒的生产→分级储存→基酒组合→加浆降度→除油→澄清过滤→勾兑调味→理化卫生检验→储存老熟→理化卫生检验→过滤→灌装生产。

实际上在这个流程里面，最关键的是低度酒在加浆（加水）降度之后，如何除去浑浊，然后在后面的勾兑调味中再保持其风格。

2. 低度酒浑浊的处理办法

（1）低度白酒产生浑浊的原因　高度白酒降度后，酒体中醇溶性高、水溶性低的物质析出而产生浑浊或絮状沉淀。特别是当酒精度降到40%以下时，白色浑浊的出现更为明显。引起低度酒出现浑浊或沉淀的物质有棕榈酸乙酯、油酸乙酯、亚油酸乙酯等高级脂肪酸乙酯。还有一些杂醇油和其他酯类、酸类等70余种物质，但主要是前3种高级脂肪酸乙酯。

（2）低度酒浑浊的处理　目前，解决低度酒浑浊的办法较多，常用的有以下6种。

① 冷冻过滤法　冷冻法是国内研究应用推广较早的低度白酒除油方法之一。此法对白酒中的各种呈香物质虽有不同程度的去除，但一般认为原有的风格保持较好。缺点是冷冻设备投资大，生产时能耗高。

② 淀粉吸附法　淀粉的大小与形状影响其吸附除油作用的效果。玉米淀粉较优，糯米淀粉更好，糊化熟淀粉优于生淀粉。

③ 活性炭吸附法　选择适宜的酒用活性炭至关重要。活性炭的种类、使用量及作用对产品的酸酯等香气成分保留均有影响。应用优质酒用活性炭除油，在除油的同时还可除去酒中的苦杂味，促进新酒老熟，使酒体变柔和。

④ 再蒸馏法　固体发酵的白酒若采用再蒸馏法，虽可除去油性物质，解决低度白酒的浑浊问题，但是其他香气成分可能变化也较大，因而影响风味质量。

⑤ 无机矿物质吸附法　此法优点是用量少，除浑浊方便，酒损较少。

⑥ 分子筛及超滤法　分子筛常用于有机物的分离，它能将大小不等的分子分开。净化过程中酒度的高低会影响着口感的好坏，因此，在净化时应注意对原酒酒度的选择。超滤是一种膜分离过程，超滤膜通过膜表面微孔的筛选，达到对一定分子量物质的分离。但其处理能力较小，使用中尚需不断完善。

3. 勾兑调味

当高度酒加浆降度除浊后，白酒的香气成分浓度也随之降低，造成香气平淡、口味淡薄而短，这就必须通过勾兑调味来解决，这是低度酒生产中的又一重要环节。

在对降度酒除浊处理前，初步筛选具备本公司低度酒风味特征的各种优质基酒，通过一系列试验工作。并结合自身在工作中积累的大量实践经验，组合出低度酒基酒，这一步很关键。对经过除浊处理后的基酒组合澄清过滤后，进行勾调，这一步起"画龙点睛"的作用。要从经过长期储存后的有特色的优质调味酒中挑选出数种低度调味酒，有针对性地对低度基酒润色，赋予酒体以浓厚度、丰满度，增添其醇甜度、回味度，使低度酒"度低而味不淡"。经过这些勾兑调味工作，低度白酒就具备了雏形。

4. 低度酒的存储

低度酒在货架期具有酸增酯降的自然变化规律，出现香气变淡和水味现象，主要是由于发生水解反应造成。要想减缓此现象，企业应对低度白酒基酒的风味特征进行研究，对香味物质含量制定一个标准范围，严禁使用不合格的低劣基酒，以维护本公司声誉和广大消费者利益。

三十、白酒命名十六招，你知道吗?

白酒命名需要遵守相关法律法规，遵循语言学的一般规律，满足特定消费者群体的选择需要。白酒名称不能与法律法规、社会习俗、宗教信仰等社会规范产生冲突。比如在法律法规方面，我国白酒的命名需要遵循《企业名称登记管理规定》《个体工商户名称登记管理办法》《国家通用语言文字法》《汉语拼音正词法基本规则》《关于企业、商店的牌匾、商品包装、广告等正确使用汉字和汉语拼音的若干规定》《中华人民共和国商标法》等文件的相关规定。

酒是一种商品，要想立足市场，得到消费者认可，因素很多。好的酒名应具备4个要素：文化意蕴、吉庆色彩、亲和力、艺术美感。有研究者认为产品取名应从音、形、义3个方面考虑：声音要响亮，朗朗上口；字形要端正、简洁，易于记忆；意义要健康，有现代感。好的市场营销能在顾客的心目中制造出某种差异，让产品在众多品质相当的对手中脱颖而出。下面我来给大家简单介绍白酒命名的十六招。

（1）以历史人物命名　有很多白酒企业的产地与很多历史名人有关，所以就有好多以历史人物命名的白酒，例如杜康酒、诗仙太白、曹雪芹家酒等。

（2）以地名命名　有些白酒企业拥有悠久的历史文化渊源，在很早以前就以酿酒而名满天下，当时人们对白酒命名没有太多的创新思维，就很简单地以白酒产地而命名，例如贵州茅台酒、汾酒。

（3）以生产原料命名　有些白酒以酿造的主要原料命名，例如五粮液、直隶高粱酒等。

（4）以酿酒方式命名　很多白酒以自己的酿造生产方式来为产品命名，例如泸州老窖、水井坊等。

（5）以香型命名　这种命名的方式比较少，例如衡水老白干。它已经成为老白干香型的标准制定者。

（6）以诗词歌赋命名　运用诗词歌赋命名的白酒，可为白酒品牌营造一种非常浓厚的文化韵味和诗意的气息，例如杏花村酒、白云边酒等。

（7）以历史故事及文化、文物古迹命名　很多白酒企业的产地拥有文物古迹，或是流传着上千年的历史故事或与酒有关的文化，以此来为白酒命名似乎为产品增加了很多历史厚重感和文化内涵，例如孔府家酒、刘伶醉、扳倒井等。

（8）以历史年代命名　在白酒命名中有一种命名是非常受宠的，即以历史年代命名。由于某个年代对于白酒企业或是酒水本身具有非同寻常的意义，为了纪念这个年代或是为了彰显这个年代带给产品的非凡意义，因此以这个历史年代为产品命名，例如国窖1573、五粮液1618、衡水老白干1915、道光廿五等。

（9）以酒水口感命名　以酒水口感命名直接阐释酒水本身的口感特点，给人以非常直接的联想方向，似乎这种命名方式还不是太多，但是也小范围地存在着，例如淡雅衡水老白干等。

（10）以年份命名　白酒以年份命名的方式在很多企业都普遍存在，以直接显示酒水的年份来彰显酒水的品质，例如茅台年份酒等。

（11）以曲种来命名　以白酒酿造曲种来命名　例如泸州老窖特曲等。

（12）以时代特征或时代名词、场所来命名　很多白酒命名呈现了一个时代的特征，或是某个时代所出现的词汇，或是具有某种代表意义的场所，例如剑南春国宴酒、国藏汾酒、国粹酒、钓鱼台酒等。

（13）以植物或动物来命名　很多白酒产品用某种植物或动物来命名，以此让消费者产生一系列美好的联想，例如玫瑰汾、牡丹酒、小豹子酒等。

（14）以酒的用途命名，包括药用、接风、饯行、祭祀、消愁、创作、取暖、避讳、戏谑等，如劲酒、各种药酒等。

（15）以情感及具体情结来命名　有情、缘等情感，如今世缘酒等；有祝福情感，如金六福酒、好日子酒等；有区域情感，如黑土地酒等。

（16）以处世哲学思想命名　如小糊涂仙、百年孤独、致中和、爱生缘等。

三十一、一张图带你看懂为什么红酒、白酒、啤酒混饮醉得快？

经常有朋友感觉到红酒、白酒、啤酒等混着喝，特别容易醉，但是至今好像还没有人对这个现象给大家科学方面的解释，那么我就结合一些研究成果，来说一说这个问题。

根据《中国中医药咨讯》中刊登的研究结果，某医院在临床工作中，对 53 例酒精中毒患者进行回顾性临床分析，探讨饮用啤酒、白酒、红酒与混饮后发生酒精中毒对人体的伤害、总结治疗方法和提出预防措施，其中，饮酒量、酒精量、中毒时间统计表见表 2。

表 2　饮酒量、酒精量、中毒时间统计表

种类（酒精度）	样本人数	饮酒量 /mL	酒精量 /(mg/dL)	中毒时间 /h
啤酒（10% ~ 12%）	6	1500 ~ 2500	45 ~ 75	1 ~ 3
白酒（35% ~ 68%）	12	150 ~ 250	60 ~ 90	1 ~ 2
红酒（8% ~ 15%）	6	1500 ~ 2250	35 ~ 55	1 ~ 3
白酒与啤酒混饮	10	白酒 100 ~ 200，啤酒 1000 ~ 1500	白酒 40 ~ 80，啤酒 30 ~ 45	0.5
白酒与红酒混饮	11	白酒 100 ~ 200，红酒 750 ~ 1500	白酒 40 ~ 80，红酒 25 ~ 40	0.35
啤酒、白酒与红酒混饮	8	啤酒 1000 ~ 1500，白酒 100 ~ 200，红酒 750 ~ 1300	啤酒 30 ~ 45，白酒 40 ~ 80，红酒 25 ~ 38	0.25

从表 2 可知，啤酒、白酒与红酒混饮醉得最快，混饮比单喝一种酒醉得快。

原因分析：①啤酒中含有组胺，当啤酒被摄入胃及小肠后，啤酒中的组胺扩张胃壁及小肠壁上的毛细血管，从而加速酒精的吸收，使血中乙醇浓度迅速增加；②啤酒中含有绿原酸，绿原酸具有神经兴奋作用，可促进胃液及胆汁分泌，加强胃肠蠕动，促进乙醇的吸收；③啤酒中的二氧化碳，可刺激胃壁，促进胃酸分泌和胆汁分泌，加快乙醇吸收；④白酒与红酒混合后有助溶作用，使人体更吸收酒精更快，会加速酒精在全身的渗透作用。

白酒、红酒和啤酒混喝，情节轻者会导致宿醉，稍微严重的会致使呕吐。白酒、红酒和啤酒混喝容易让人不知不觉增加饮用量。此外，各种酒的酒精含量不同，一会儿喝啤酒，一会儿喝白酒，一会儿喝红酒，身体对这样的不断变化难以适应。更重要的是，各种酒的组成成分不尽相同，混喝饮用更容易导致恶心、呕吐、急性酒精中毒等现象的出现。

适量饮酒有益健康，但是过量饮酒和混合饮酒，这个对身体是有害处的，大家应该正确饮酒、科学饮酒。

三十二、白酒也可以五颜六色？

中国白酒给人的感觉就是古老的中国特有的酒，一般白酒的颜色就是无色透明，或者微黄透明，基本上和五颜六色、时尚国际化这几个词沾不上边。

2015 年 8 月 26 日，比利时布鲁塞尔国际烈性酒大奖赛在贵阳开幕，期间茅台酒组织了鸡尾酒晚会，邀请专业鸡尾酒调酒师用茅台酒调制鸡尾酒。据现场了解，茅台鸡尾酒用茅台酒、莫林莫西多薄荷风味糖浆、生姜、冰块、黄柠檬、青柠檬等，调制后放入 MARTINI 酒杯，调制后的鸡尾酒颜色多彩，不禁让人感觉到茅台酒"一秒钟从大叔变萝莉"。

再举一个例子，五彩国台系列酒，是以优质酱香型白酒为基酒，配合青柚、葡萄、石榴、杨梅、黑加仑等新鲜浓缩果汁，以完美的比例配制出果香纯正、舒顺谐调、缤纷艳丽、赏心悦目并保持酱香型白酒的独特风格的配制酒。以各种水果调配出不同口味的 14° 五彩系列酒，将健康、口感、爽快的感觉融为一体，既有水果的清香和健康，又有国台酒的酱香和醇厚；既有顺滑的口感，又有悠长的回味。

除了酱香型白酒，浓香型白酒也做了多彩化的尝试。五粮液德古拉中式预调酒产品定位为高品位健康生活轻奢酒，主要面向 18 ~ 40 岁之间，敢于尝试新鲜事物，时刻走在潮流尖端，充满活力的大学生、公司白领及精英等时尚人群和成功人士，酒精度数为 7 度，有石榴、蓝莓、柠檬三种口味。而清香型白酒由于其清香纯正，也同样适合用来做预调酒。

第二次世界大战（简称二战）以前，伏特加和龙舌兰酒在俄罗斯和墨西哥以外的国家是很少能够喝到的。但二战以后这两款酒风靡了全世界，其中伏特加在美国酒吧流行起来就是因为一款鸡尾酒。中国白酒或许可以借助五颜六色的鸡尾酒或者预调酒走向世界！

不管怎么样，中国白酒正在迈出国际化的脚步，用时尚的风貌吸引更多的年轻人和国际友人。用中国白酒做基酒的鸡尾酒或者预调酒，有着浓重的本香型白酒的特征，然后配上了五颜六色的色彩和各种水果的口感，是酒体创新的一个新方向。

三十三、白酒质量追溯体系出台后的 3 大思考

2015 年 9 月 14 日，国家食品药品监督管理总局发布白酒生产企业建立质量安全追溯体系的指导意见，要求白酒企业建立质量安全追溯体系。白酒质量安全追溯体系要记录包括产品、生产、设备、设施和人员等全部信息内容。产品信息应当记录白酒产品的相关信息，包括产品名称、执行标准及标准内容、配料、生产工艺、标签标识等。生产信息记录覆盖白酒生产的过程，重点是原辅材料进货查验、生产过程控制、白酒出厂检验 3 个关键环节。

该指导意见内容丰富，想要逐一解读需要很长时间去仔细理解，那么现在就提三个问题：①什么是质量追溯体系？②白酒质量追溯体系怎么建立？③白酒质量追溯体系有什么用？对应解答这三个问题，就简单举例讲一下质量追溯体系的概念，如何建立白酒原辅料的质量追溯体系，年份酒与质量追溯体系有啥关系。

1. 什么是质量追溯体系？

国际标准化组织在 ISO 9000：2005 标准中将可追溯性定义为"追溯所考

虑对象的历史、应用情况或所处位置的能力。当考虑产品时，可追溯性涉及原材料和零部件的来源；加工过程的历史；产品交付后的发送和所处位置。"根据该定义，对于白酒原辅料的可追溯性可以理解为其采购的来源地；肥料、农药的使用情况；白酒加工过程中的投入情况（包括投入的数量、批次以及白酒的销售去向等）。

而产品质量追溯体系是指以实现对某些产品的历史、应用或位置"正向可跟踪、反向可追溯"为目标，建立的由涵盖产品生产、检验、储运、销售、消费、监管等各环节的信息记录、存储、跟踪系统组成的有机整体。其目的在于通过体系的运转，实现对产品来源可追溯、生产可记录、去向可查证、责任可追究。

2. 建立白酒原辅料质量追溯体系应该怎么做？

（1）企业积极推进原辅料生产流通方式的转变，推广采用"企业＋基地＋农户"的生产模式。通过建立原材料生产基地的模式，对所使用的土地进行编号，对种植区域的地理环境，种子的选用，排灌，化肥和农药使用的名称、数量、频率、使用日期及收货日期等方面对原辅料生产进行全方位的数据控制，建立完善的生产档案记录，从而保障原辅料质量安全。

（2）企业加大农产品标准化生产培训力度。通过开展培训服务，严格按照农产品质量标准来推行标准化生产，制定具有科学性、适用性和可操作性的技术操作规程，通过引进、借鉴有关国家标准、行业标准以及国外有关先进标准，制定从生产环境、生产过程到产品品质、加工包装等环节的一系列农业标准和技术操作规程，逐步实现原辅料生产的区域化、专业化和标准化，从而有效强化农产品生产经营者全程控制意识。

（3）企业实行订单生产，保护价收购，并采取一定的生产技术、物资扶持。通过该措施，一方面供应者可以获得环境改善的能力，提高其种田的积极性，增加收入，另一方面白酒企业可以得到供应者更有力的配合，促使档案信息更加准确、真实、完整，以便进行妥善保存，使生产加工环境不断持续改进，为白酒原辅料的可追溯性创造条件。

（4）企业建立完善的质量管理制度。对于收购的每一批原辅料按要求进行入厂检验，填写检验报告单并做详细的备案记录，其中应当包括供应商、生产者名称、产品名称、等级、产地、交货日期等，对于不合格的产品不予接收入库。

做好完善的原辅料仓储记录，包括仓储的时间、湿度、温度等信息。生产过程中每一批原辅料出库、投入都应当做详细记录，包括出库日期，领料人，生产的产品品种、批号、班次，投入的原材料数量，生产的数量等，做好成品的检验及销售记录，包括各项理化指标、销售的时间、投放的区域等，与此同时按照过程方法完善质量管理制度。

（5）企业建立完善的中央数据库及信息传递系统。通过该系统，使原辅料供应链上各环节的信息与数据库相连接，使查找产品特定过程中的相关信息更加方便、及时，提高管理和决策能力。

（6）政府给予企业可追溯性建设的扶持。由于我国食品可追溯法律制度等软环境基础较差，建设初期投入较多，政府应加强食品可追溯制度建设方面的法律、政策方面的支持，降低企业的成本。

3. 年份酒与质量追溯体系有啥关系？

2014年7月19日，在湖南邵阳举行的关于瓶储年份酒专家研讨会上，中国食品工业协会白酒专业委员会的专家们首次提出了瓶储年份酒的概念，这无疑是对规范年份酒的生产起了积极的作用。瓶储年份酒的年份判定是基于其装瓶日期，除了对其灌制、包装、封存及包装物加盖生产年份封存火漆的过程进行现场监督公证，仓库要封库和公证，更重要的是企业要建立年份酒内部生产追溯管理体系，对酒单独妥善保管。消费者要查，厂家必须能及时提供场地和货品。

在我们讨论制定《陈年酱香型白酒生产管理规范》的过程中，就参考澳大利亚葡萄酒与白兰地协会（AWBC）制订的"标签真实性核查计划"，该计划通过核查酿酒企业的记录，确保酒标签上出产年份的真实性。该标准规定对基酒入库、转移、勾兑过程进行记录，通过核查记录档案实现陈年酱香型白酒的认证和溯源。因为陈年酒的溯源一般都发生在产品销售后的2~3年内，所以规定实物档案保存时间应超过产品生产日期3年，由于文字档案更易于保存，规定其保存时间应超过产品生产日期10年。

正如前面所说，年份从装瓶日起，装瓶前的年份则是靠企业的自主诚信来确定，那么这个诚信的监管就是通过可追溯体系来实现，例如十年的基酒就是可以通过追溯系统查询认证的，而不是空口说的。不管是基酒入库、转移、勾兑也好，成品酒的灌制、包装、封存也好，有了可追溯的档案管理体系，就能够保证瓶储年份酒的真实性。

总之，白酒生产企业将通过建立质量安全追溯体系，真实、准确、科学、系统地记录生产销售过程的质量安全信息，实现白酒质量安全顺向可追踪、逆向可溯源、风险可管控，发生质量安全问题时产品可召回、原因可查清、责任可追究，切实落实质量安全主体责任，保障白酒质量安全。

三十四、如何科学解读中酒协"理性饮酒"的理念？

"全国理性饮酒日"拟于每年 10 月第三个周五举办，2015 年的活动于 10 月 16 日举办，主题为"理性文明，拒绝酒驾"，以北京为主会场启动，上海、重庆、广州同步举办分会场，成都、贵阳、南京、合肥、杭州、青岛、烟台等十余个城市和地区同步推出市场活动。中国酒业协会（简称中酒协）宋书玉秘书长认为理性饮酒就是科学、安全、健康地适量饮酒。主要包含三方面内容：第一，适度、愉悦地饮酒，不过量饮酒；第二，不在某些情况下饮酒，比如驾驶机动车、操作机器、怀孕、疾病状态等；第三，未成年人不饮酒。那么就这三个方面，我来给大家简单解读一下缘由。

1. 适度、愉悦地饮酒

理性饮酒首先就要适度、愉悦地饮酒，不过量饮酒，这是因为过量饮酒有很大的危害，只有适度、愉悦的饮酒才能有益于健康。

（1）过量饮酒损害肝脏　酒精的解毒主要是在肝脏内进行的，大约 90%～95% 的酒精都要通过肝脏代谢。因此，饮酒对肝脏的损害特别大。酒精能损伤肝细胞，引起肝病变。连续过量饮酒者易患脂肪肝、酒精性肝炎，进而可发展为酒精性肝硬化，最后可导致肝癌。狂饮暴饮（一次饮酒量过多）不仅会引起急性酒精性肝炎，还可能诱发急性坏死型胰腺炎，严重者危及生命。

（2）过量饮酒损害消化系统　酒精能刺激食道和胃黏膜，引起消化道黏膜充血、水肿，导致食道炎、胃炎、胃溃疡及十二指肠溃疡等。过量饮酒是导致某些消化系统癌症的因素之一。

（3）过量饮酒导致高血压、高脂血症和冠状动脉硬化　酒精可使血液中的胆固醇和甘油三酯升高，从而发生高脂血症或导致冠状动脉硬化。血液中的脂质沉积在血管壁上，使血管腔变小引起高血压，血压升高有诱发中风的危险。长期过量饮酒可使心肌发生脂肪变性，减小心脏的弹性收缩力，影响心脏的正常功能。

（4）过量饮酒降低人体免疫力　酒精可侵害防御体系中的吞噬细胞、免疫因子和抗体，致使人体免疫功能减弱，容易发生感染，引起溶血。

（5）过量饮酒诱发胎儿先天性畸形　酒精对生殖细胞有毒害作用。若这种受毒害的细胞发育成胎儿，则有可能成为智力迟钝的低能儿，将给家庭、社会造成沉重的负担。

2. 不在某些情况下饮酒

不在某些情况下饮酒，比如驾驶机动车，操作机器、怀孕、疾病状态等。

（1）醉驾与酒驾　所谓醉酒实际上是一种急性酒精中毒现象，是服用过量酒精后所引起的一种中枢神经系统的兴奋或抑制状态。人类饮酒后的各种表现与血液中的酒精浓度密切相关，研究表明当血液中的酒精质量浓度达到20mg/100mL 时，人体处于饮酒后的最佳状态，此时饮酒者头脑清醒，表现出兴奋和愉悦感；达到 40mg/100mL 时，饮酒者自控力及行动能力减弱，进入微醉状态；达到 60 ~ 80mg/100mL 时，饮酒者失去行动能力，烂醉如泥；当达到 400mg/100mL 时，饮酒者失去知觉，昏迷不醒，甚至危及生命。

根据我国现行法规，饮酒驾车是指车辆驾驶人员血液中的酒精含量大于或者等于 20mg/100mL，小于 80mg/100mL 的驾驶行为。醉酒驾车是指车辆驾驶人员血液中的酒精含量大于或者等于 80mg/100mL 的驾驶行为。

（2）怀孕、疾病与饮酒　孕妇饮酒，酒精能通过胎盘进入胎儿体内直接毒害胎儿，阻碍胎儿脑细胞的分裂。酒精也是一种致畸因素，能诱发胎儿先天性畸形。

病人是不宜饮酒的，特别对肝胆疾病、心血管疾病、胃溃疡或十二指肠溃疡、癫痫、老年痴呆、肥胖病人等。例如患肝炎或患其他肝病的人，应该禁酒，即使酒精含量很低的啤酒，也不应饮，以免加重病情。这是因为酒精能阻止肝糖原的合成，使周围组织的脂肪进入肝内，并能加速肝脏合成脂肪的速度。这样，有肝炎病的人，在肝细胞大量受到破坏的情况下，就比较容易形成脂肪肝。同时乙醇在肝内，先要变成乙醛，再变成乙酸，才能继续参加三羧酸循环，进行彻底代谢，最后被氧化成二氧化碳和水，同时释放能量，以供人体活动时的消耗。肝炎病人由于乙醛在肝脏内氧化成乙酸的功能降低，使乙醛在肝内积蓄起来。而乙醛是一种有毒的物质，对肝脏的实质细胞可产生直接的毒害作用。所以肝病患者饮酒会使病情进一步恶化。

3. 未成年人不饮酒

（1）未成年人喝酒影响消化系统　饮酒后，首先受到伤害的是孩子的消化系统。未成年人的肝脏发育还未成熟，对酒精的解毒能力很差，喝酒会使肝功能受损，酒精的刺激性对胃肠消化道伤害也很大，会引起消化不良。

（2）未成年人喝酒影响大脑发育　人体的神经系统对酒精极为敏感，少年儿童经常喝酒，影响大脑发育，以至于反应迟钝，记忆力下降，还可能出现失眠、多梦、幻觉等现象。

（3）未成年人喝酒影响生殖系统发育　男孩子喝酒，酒精会对发育期的睾丸有很大的损害，轻的使发育减缓，严重的会造成成年后的不育。对女孩来说，酒精也会影响性腺的发育，使内分泌紊乱，到青春期到来时，容易出现月经不调、经期水肿、痛经、头痛等现象。

（4）未成年人喝酒妨碍身体生长发育　未成年人处在长身体的发育阶段，体内各器官的发育尚未成熟，酒精会延缓、阻碍身体的正常发育。经常饮酒的未成年人，其成熟期会推迟2～3年。

（5）未成年人喝酒容易患病　由于未成年人体内各器官比较娇嫩，经不起酒精的刺激和毒害，所以容易产生胃炎、胃溃疡、脂肪肝、糖尿病和急性胰腺炎等病症。

与禁烟相比，我国对未成年人禁酒的宣传少之又少，不少成人意识不到饮酒对未成年人的伤害。加之一些地方酒风浓厚，一些家长甚至纵容孩子饮酒。这一现状充分说明，我国的相关法律存在欠缺之处。虽然我国已颁布《中华人民共和国未成年人保护法》和《酒类流通管理办法》，但法律对禁止未成年人饮酒并没有明确规定。反观国外，不少国家明确禁止未成年人饮酒。比如，日本规定，年龄不满二十岁者，不得饮用酒类。法国规定，十八岁以下的未成年人不得饮酒。美国规定，年满21岁才能饮酒。我国应该尽快加强对禁止未成年人饮酒的立法。

三十五、浅谈理性饮酒一二三

我来浅谈理性饮酒，希望大家对于理性饮酒、健康饮酒有个初步认识。

1. 酒精在人体内的代谢及酒量大小的相关因素

（1）酒精在人体内的代谢　酒，在人体内是通过口腔、食管、胃、十二指肠、空肠、回肠、大肠途径进行流通的。在不同部位，酒精的吸收速度各不相同，一般说来，十二指肠＞胃＞大肠＞回肠＞口腔。饮入的酒精大约80%由十二指肠及空肠吸收，其余由胃吸收。在空腹饮酒时，人体大约1h内可以吸收60%的酒精，1.5h内可以吸收90%的酒精，2h内可以吸收95%的酒精，2.5h内所摄入的酒精则可全部被吸收。习惯饮酒的人，其酒精的吸收速度要比普通人快。而胃内有无食物及食物的量、食物的种类及性质、胃壁的情况及饮料含醇量等，也会对酒精的吸收速度产生影响。酒精经消化道黏膜吸收后，5min即出现在血液中，酒后30～60min可达到最大的血醇浓度。血液作为酒精的承载者，可将其迅速传输到人体各脏器及组织中并进行累积。医学研究表明，体内酒精只有不足10%可经由尿液、呼吸、汗液及唾液等直接排出体外，90%以上的乙醇均需在肝脏进行代谢。大部分酒精是通过肝脏内的两套解酒酶的作用被氧化代谢的。第一套酶是乙醇脱氢酶和乙醛脱氢酶，第二套酶是微粒体乙醇氧化酶。肝脏对乙醇的代谢过程主要是氧化分解的过程，乙醇进入肝脏以后，首先在乙醇脱氢酶（ADH）的作用下氧化成乙醛，又经乙醛脱氢酶（ALDH）的作用转化成乙酸，乙酸进入血液后参与乙酸的代谢过程，最后生成二氧化碳和水排出体外，同时释放大量能量。

（2）酒量大小的相关因素　喝酒脸红的人是只有乙醇脱氢酶没有乙醛脱氢酶，所以体内迅速累积乙醛而迟迟不能代谢，因此会长时间涨红了脸，只能期待肝脏里的P450来慢慢将摄入的酒精代谢掉。如果你身边有喝酒海量之后面不改色的人，那也不要盲目羡慕，因为有两种极端情况：可能他们的体内两种酶都没有，所以不会表现出脸红的症状，只能靠肝脏慢慢分解，这样的人最容易喝醉，肝脏也最容易受损。也可能身体里两种酶的含量都极高，体内的酒精能够迅速被代谢而排出。

第一套酶乙醇脱氢酶和乙醛脱氢酶这两种酶的活力大小基本是由基因遗传

决定的，也就是说人的酒量大小基本是与生俱来的。第二套酶是微粒体乙醇氧化酶，这套酶的活力较弱但却是可以诱导的，也就是说经常喝酒的人这套酶的活力可以逐渐提高大约5倍左右，所以酒量又是可以练出来的。

2. 白酒与健康的关系

最近关于白酒与健康的话题不断，本来适量饮酒是有益健康的，但是经过某些商家放大宣传，把白酒说成了是健康神药，所以有必要对白酒与健康关系做个说明。

（1）白酒相当于中药？　前段时间一直有媒体报道江南大学徐岩教授及其团队研究发现，白酒保健功能大于葡萄酒，一杯白酒相当于57味中药。但是这个问题，已经被徐岩教授亲自出面否认了。2012年开始，徐岩教授团队开展"中国固态发酵白酒与葡萄酒生物活性成分比较研究"。一些白酒企业开始抽取论文中的数据比值，并以该研究团队的名义大肆宣传"白酒保健功能大于葡萄酒"。

"这些商业炒作很不严肃，已经超出学术研究的范畴。"徐岩研究团队成员、江南大学酿酒科学与酶技术研究中心研究员范文来说，当年论文用一个章节公布了对一种董香型白酒的系列检测数据，这种白酒是经国家批准、全国为数不多添加中草药的酒，按照"百草入曲"传承工艺，制取大小曲先后采用了130多味中药材。范文来作为实验操作者，和同事于2011年应用"正相色谱技术串联气相色谱－质谱法"，在该酒中检测到52种萜烯类化合物，且高于一般白酒和葡萄酒。荒唐的是，有人移花接木，故意把"从该酒中检测到52种萜烯类化合物"，说成是"从白酒中检测到57种中草药"，进而推演出"喝白酒等于服中药"的荒诞结论。"青菜、黄瓜、西红柿、苹果中也能检测到萜烯类化合物，难道能说吃果蔬就等于吃中草药？"

（2）白酒中健康相关成分　由剑南春集团完成的《中国传统名优白酒中香味成分解析及功能性成分研究》暨《构成中国名酒剑南春酒体风味质量特色的研究》成果，经四川省科技厅组织专家进行了鉴定。专家们对于四川剑南春集团有限责任公司完成的《中国传统名优白酒中香味成分解析及功能性成分研究》给予了充分的肯定，并且形成了以下的权威专业鉴定意见。

① 项目建立了SBSE与GC×GC/TOFMS相结合的白酒微量成分的分析新技术，首次在浓香型白酒剑南春中检测到1870种微量成分。该技术将中国纯粮

固态传统白酒的微量香味成分的分析提升到了最新水平。

② 该项目在剑南春酒中首次发现了包括柠檬烯、香橙烯、金合欢烯、四甲基吡嗪、愈创木酚、丁香酚、阿魏酸、亚油酸、亚麻酸等200余种与人体健康密切相关的功能性物质。

那么从剑南春集团的研究成果中可以看出，剑南春酒中的确有200余种与人体健康相关的物质，但是并不是说有了这些物质就代表白酒有益健康，是健康神药。这些微量成分确实是有利于人体健康，但是不能盲目神话这些成分的作用。实际上剑南春集团总工程师徐占成介绍，该项目独创的酒体微量物质分析检测技术将中国白酒的微量成分的分析定性技术提升到了一个新高度，并未强调健康物质的作用。但是从其他宣传报道看来，大多数是强调有200余种健康物质。

白酒的主体成分是水和乙醇，占了98%左右，而只有2%左右的微量成分，这些成分有上千种。过量食入乙醇会导致肝硬化、肝癌、急性胆囊炎、急性胰腺炎、记忆力下降、消化器官溃疡、心脏脂肪变性、酒精中毒性精神病、头晕、头痛、食欲下降等。以53度白酒为例，53%是乙醇，而白酒中的有益成分，就算全部微量成分都是有益的，也不到2%的量，何况有益成分比例还比较低。

（3）适量饮酒有益健康　中国营养学会对成年人每天的饮酒限量值建议为：男性酒精摄入不超过25克，相当于啤酒750毫升，或葡萄酒250毫升，或56度白酒50克（1两），或38度白酒75克（1两半）。因为女性的体形和雌性激素的影响，肝脏解酒能力与男性比有明显差异，酒对女性健康的损害比男性严重，每天的饮酒限量值定得更严格，酒精摄入不超过15克，相当于啤酒450毫升，或葡萄酒150毫升，或38度白酒1两。当然我们在喝酒的时候并没有完全按照这个建议值，但也不能太过于贪杯。

只有在适量饮酒的前提下，适当剂量的乙醇对人体才有着促进血液循环，预防心血管疾病，促进消化等有益作用。

3. 理性饮酒的好处及如何理性饮酒

（1）理性饮酒的好处

① 适量理性饮酒可促进消化。酒能助食，促进食欲，可多吃菜肴，增加营养。

② 适量理性饮酒可以减轻心脏负担，预防心血管疾病。调查发现，适量饮

酒可增加高密度脂蛋白，减少冠心病发生，预防心肌梗死和脑血栓。

③ 适量理性饮酒可加速血液循环，调节、改善体内生化代谢。医学已证明，酒有通经活络的作用，能促进血液循环对神经传导产生良好的刺激作用。

④ 适量理性饮酒延年益寿。近年来，许多国家的研究显示，一般来说，适量饮酒者比滴酒不沾者健康长寿。适量饮酒可使胃液分泌增加，有益消化；可以扩张血管，使血压下降，降低冠心病发生率。

⑤ 适量理性饮酒，白酒中 2% 微量成分中的有益健康因子成分，可以发挥其对健康的促进作用。

（2）如何理性饮酒　中酒协宋书玉秘书长认为就理性饮酒的标准而言，国际上一些相关组织、机构在深入调研、实验的基础上，从人体健康的角度，提出了一些基本指标。消费者可以参考一下：国际酒精政策中心（ICAP）的饮酒指南提出来，理性饮酒的标准是每天饮酒不超过 20 克酒精；世界卫生组织国际协作研究指出，男性安全饮酒的限度是每天不超过 20 克酒精，女性每天不超过 10 克酒精；美国国家酒精滥用与酒中毒研究所（NIAAA）研究指出：男性不管是每天喝酒，或是每周喝一两次，或是偶尔喝一次酒，纯酒精的量不应超过 30 ~ 40 毫升，女性不要超过 20 ~ 30 毫升。虽然这些量化指标未必完全适合中国人，但无论从个人健康还是社会文明的角度，我们都应当向国际标准靠拢。

三十六、酱香型白酒基酒交易的标准是什么？

1. 酱香型白酒基酒交易的效益

中国酒都仁怀的酱香型白酒基酒，由于一直没有一个标准体系进行规定，只能低价出售，基本上不能出售到省外或者国外，也无法在电商平台上出售。新酒按照 15 元 / 斤计算，以 2014 年仁怀白酒 35 万吨产量计算，假设每年最多仅有五分之一的基酒（约 7 万吨）能够形成交易，成交额最多 21 亿元。基酒标准得到发布并贯彻，一方面基酒的品质不断提高，产品价值不断提高，各方交易有依可循，会制造出更多的贸易往来机会，按优质基酒 20 元 / 斤，标准有效执行，交易量将达到 15 万吨，成交额将达到 60 亿元，因此这一标准的制定将促使酱香基酒行业经济效益显著增长。

2. 酱香酒基酒交易的场所

中国（贵州）酱香酒交易中心，是贵州省政府批准筹建、设立的中国酒类创新现货交易平台。交易中心依托仁怀酱香酒的资源优势和地理优势，将现代商业模式和网络技术相融合，整合白酒实体产业链相关资源，打造一个集交易、结算、物流、融资、信息、展示等全程式服务于一体的第三方现货电子交易专业平台。将通过三大交易平台（基酒质押、基酒销售、成品酒销售）来实现投资、融资、评级评价、定价、销售、仓储六大功能。充分发掘酱香酒的投资价值和收藏价值，提炼酱香酒的金融属性，搭建有别于传统交易模式的投资和交易平台，实现酒类产品的挂牌上市集中交易。其他的类似交易平台，都可以从事基酒交易。

3. 酱香酒基酒交易依据的标准体系

2015年9月9日，由仁怀酱香白酒科研所、贵州省产品质量监督检验院仁怀分院、贵州茅台酒股份有限公司、贵州国台酒业有限公司等单位联合编制的《仁怀大曲酱香酒技术标准体系》正式发布。

仁怀大曲酱香酒技术标准体系，包括一至七轮次基酒、综合基酒共8个产品标准，《仁怀大曲酱香基酒生产技术规范》和《仁怀酱香大曲生产技术规范》2项技术规范。涵盖仁怀大曲酱香酒的一至七轮次基酒和综合基酒的感官、理化要求，大曲酱香基酒和酱香大曲的生产工艺等内容。

（1）基酒标准　仁怀大曲酱香酒基酒标准包括一轮次基酒、二轮次基酒、三轮次基酒、四轮次基酒、五轮次基酒、六轮次基酒、七轮次基酒和综合基酒8项标准，为新制定团体标准。标准中感官术语主要通过各位白酒品评专家、参与企业酒师和技术人员多次进行感官品评汇总、分析提炼，最后确定为本标准中的感官术语；理化指标主要通过实验室按国家试验方法标准进行检测，并将其结果汇总分析及白酒专家分析研究，最终确定了标准中的理化指标数值范围。

（2）生产技术规范　新制定生产技术标准2项，包括《仁怀大曲酱香基酒生产技术规范》和《仁怀酱香大曲生产技术规范》。2项规范主要是通过调研仁怀大曲酱香酒和酿酒用大曲的传统生产工艺，通过分析汇总，并结合生产技术经验总结分析研究确定。

（3）检验检测标准　标准体系中所涉及的检验检测标准包括蒸馏酒与配制酒卫生标准的分析方法、白酒分析方法、白酒检验检测规则和标志、包装、运输、储存等国家标准均引用现行有效国家标准。

（4）包装、标志、运输、储存标准　标准体系中所涉及的标志、储存标准包括预包装食品标签通则、预包装饮料酒标签通则、白酒检验规则、标志运输均引用现行有效国家标准；包装、运输、储存等结合食品安全及防污染要求做了相应的修改。

4．标准的科学性和创新性

（1）仁怀大曲酱香酒基酒标准以酱香型白酒国家标准和贵州省地方标准等标准体系为科学依据，实现了两个创新：一是率先在全国酒类行业制定了轮次基酒标准（一至七轮次基酒、综合基酒标准）；二是率先在贵州省内制定了第一个白酒产品团体标准。

（2）仁怀大曲酱香酒基酒标准同酱香型白酒国家标准和贵州省地方标准中的产品标准比较，在技术要求中增加了原料及辅料要求、酿造环境、酿造设备、传统工艺等具体工艺参数，并适应食品安全标准发展要求，将"卫生指标"概念更新为"食品安全要求"。

（3）依据国标 GB/T 8231—2007 要求，高粱单宁含量 ≤ 0.5% 合格；依据行标 NY/T 895—2015 要求，酿造高粱单宁含量 ≤ 1.5% 合格。考虑单宁在酱香酒储存中发挥的作用，规定仁怀大曲酱香酒酿造高粱单宁含量在 1.0% ~ 1.5% 之间是一个创新，否则依据国标 GB/T 8231—2007 要求检验酿造用高粱均不合格。

（4）仁怀大曲酱香酒生产技术规范中率先制定了勾兑、调味、不合格项目的纠正预防措施和确定了关键控制点的详细工序；仁怀酱香大曲生产规范提出了曲虫和老鼠的防治措施。

5．酱香酒评估认证专家库成员

季克良、吕云怀、彭茵、陈兴希、陈仁远、徐兴江、梁明锋、龙则河、蔡天虹、徐强、余方强、汪洪彬、付宇豪、李明金、邓昌伟、冯小宁、丁勇、袁仲先、余兴忠、邹江鹏、雷显仲、罗吉洪、王书伟、邹明鑫为首届酱香酒评估专家库成员。

三十七、白酒行业的食品安全大数据时代

最早提出"大数据"时代到来的是全球知名咨询公司麦肯锡，麦肯锡称："数据，已经渗透到当今每一个行业和业务职能领域，成为重要的生产因素。人们对于海量数据的挖掘和运用，预示着新一波生产率增长和消费者盈余浪潮的到来。""大数据"在物理学、生物学、环境生态学等领域以及军事、金融、通信等行业存在已有时日，近年来因为互联网和信息行业的发展而引起人们关注。

1. 大数据技术

大数据，是指无法在可承受的时间范围内用常规软件工具进行捕捉、管理和处理的数据集合。大数据技术，就是从各种类型的数据中快速获得有价值信息的技术。大数据领域已经涌现出了大量新的技术，它们成为大数据采集、存储、处理和呈现的有力武器。大数据处理关键技术一般包括大数据采集、大数据预处理、大数据存储及管理、大数据分析及挖掘、大数据展现和应用。

酒企靠千奇百怪的渠道开发与占有来实现销售，可有几家企业真正对渠道销售进行过细致、真实的销售分析？即使知道谁在卖，但还是不知道谁在买。酒企应该对于企业不同产品、不同渠道的分析，建立起一个充分庞大而翔实的渠道销售数据体系，为企业销售畅通、新品开发、消费者数据收集等奠定坚实基础，这就是大数据时代的销售。

谈到白酒行业的食品安全，大家往往想起的是塑化剂事件、甜蜜素事件、勾兑门事件等，这些负面信息的传递，导致白酒行业被广大消费者误解。而大数据技术，在今天的白酒食品安全工作中，已经起到了不可替代的作用，甚至可以做到舆情分析，对负面信息进行提前预警。

2. 大数据对白酒质量食品安全体系的支撑

随着大数据时代到来，每瓶白酒的原材料来源地，哪个班组酿制，哪个单位烧的酒瓶，哪台卡车运走，哪家经销商销售，销售到哪些客户，这些海量数据都可追溯、可监控。大数据在白酒食品安全上的应用，首先体现在对于白酒质量食品安全溯源体系的支撑。白酒质量食品安全追溯体系要记录包括产品、生产、设备、设施和人员等全部信息内容。产品信息应当记录白酒产品的相关信息，包括产品名称、执行标准及标准内容、配料、生产工艺、标签标识等。

生产信息记录覆盖白酒生产的过程，重点是原辅材料进货查验、生产过程控制、白酒出厂检验 3 个关键环节，生产过程质量安全控制信息包括原辅材料入库、储存、出库、生产使用、制曲、发酵、蒸馏、勾调、灌装等。这些过程的实现都需要大数据技术的海量数据收集、分析、应用。

3. 大数据时代人人都是白酒食品安全监督员

大数据时代，既是全球、全人类的大数据时代，同时也是每个人都拥有的个人化、个性化的大数据时代。Web2.0 概念中，把"个人化"作为互联网核心升级的特征。"大数据"代表着新的变革，本质上是个人化的继续延伸和深入发展。个人的大数据汇聚起来，形成"个人的大数据"。因此，我们可以说大数据是个人化数据，是社会化数据，是个人化与社会化高度结合的数据。白酒食品安全大数据同样也是如此，需要整个社会的全员关注，主动反馈各类数据和信息，才能形成信息逆流，让民意成为执法监管的辅助利器，而不仅仅是表现在牢骚和疯狂转发自己都不确定的信息。

简而言之，就是说，每个消费者在购买任何一种白酒时，都可以通过手机终端进行"身份验证"和"信誉验证"，当然，在发现有白酒食品质量问题时，消费者还可以用手机进行便捷投诉，而这些投诉的数据又被"大数据食品安全网络舆情指数监测平台"监测和分析，从而形成一个良好的闭环数据循环。

伴随大数据时代带来的发展契机，通过历史与当前数据的融合、潜在线索与模式的挖掘、多种数据关联性分析、态势与效应的判定与调控，提高白酒食品安全态势感知、隐患识别、白酒质量食品溯源关联等综合分析能力，加强国家对白酒的食品安全风险管理能力，提升专业、权威的科普服务能力，推动白酒行业健康、科学发展，提升白酒行业竞争力，促进白酒的食品安全监管模式转变升级是当前工作面临的挑战和机遇。

三十八、如何用打印机"打印"一瓶酒？

如果有人告诉你可以用打印机"打印"一瓶酒，你相信吗？事实上，这是可以办到的，因为一种叫 3D 打印技术的出现。

1. 3D 打印酒瓶

3D 打印技术是制造领域正在迅速发展的一项新兴技术。运用该技术进行生产的主要流程是，应用计算机软件设计出立体的加工样式，然后通过特定的成型设备（俗称"3D 打印机"），用液化、粉末化、丝化的固体材料逐层"打印"出产品。3D 打印技术是"增材制造"的主要实现形式。"增材制造"的理念区别于传统的"去除型"制造。传统数控制造一般是在原材料基础上，使用切割、磨削、腐蚀、熔融等办法，去除多余材料，得到零部件，再以拼接、焊接等方法组合成最终产品。而"增材制造"与之不同，无须原坯和模具，就能直接根据计算机图形数据，通过增加材料的方法生成任何形状的物体，简化产品的制造程序，缩短产生的研制周期，提高效率并降低成本。

跟传统模型制作相比，3D 打印具有传统模具制作所不具备的优势。

（1）制作精度高　经过 20 年的发展，3D 打印的精度有了大幅度的提高。目前市面上的 3D 打印成型的精度基本上都可以控制在 0.3mm 以下。

（2）制作周期短　传统模型制作往往需要经过模具的设计、模具的制作、制作模型、修整等工序，制作的周期长。而 3D 打印则去除了模具的制作过程，使得模型的生产时间大大缩短，一般几个小时甚至几十分钟就可以完成一个模型的打印。

（3）可以实现个性化制作　3D 打印对于打印的模型数量毫无限制，不管一个还是多个都可以以相同的成本制作出来，这个优势为 3D 打印开拓新的市场奠定了坚实的基础。

（4）制作材料的多样性　一个 3D 打印系统往往可以实现不同材料的打印，而这种材料的多样性可以满足不同领域的需要。比如金属、石料、陶瓷、高分子材料都可以应用于 3D 打印。

（5）制作成本相对低　虽然现在 3D 打印系统和 3D 打印材料比较贵，但如果用来制作个性化产品，其制作成本相对就比较低了。加上现在新的材料不断出现，其成本下降将是未来的一种趋势。有人说在今后的十年左右，3D 打印将会走进普通百姓家里。

2. 3D 打印酒体

（1）啤酒　近日，美国 PicoBrew 公司推出了一台号称"啤酒界的 3D 打印机"Pico，让你在家里就可以方便地酿造啤酒。这个想法听起来很疯狂吧？事实上，PicoBrew 早在 2013 年便推出了一款自酿啤酒机，但操作和清洗比较复杂，而且熟练的酿酒师才会使用。最新的 Pico 则简化了这个想法，采用了类似胶囊咖啡机的概念。消费者只要购买 19 美元的 PicoPaks（内涵所有酿造原料），即可生产约 5 升的啤酒。不过这个机器不会像胶囊咖啡机那样立刻帮你制作好一杯饮料。将胶囊塞进机器后，你可以先个性化定制酒精含量和苦味程度，然后耐心等上 2 个小时。酿造后的产物会进入一个钢桶中，你需要加入酵母让其在室温发酵。大约一周之后就能品尝大作了。Pico 可以连接 WI-FI，会通过手机提醒你酿造是否完成。Pico 的卖点当然是各种不同口味的啤酒胶囊。PicoBrew 为此联合了美国 50 个精酿啤酒厂，量身定制了 PicoPaks。从 IPA 到黑啤，各种类型和口味的啤酒都不在话下。

（2）鸡尾酒　毕业于加州大学洛杉矶分校电气工程专业的 Yu Jiang Tham，设计并制造了一台酒保机器人，取名"Mixvah 酒吧"，能混合各种液体。所有部件均由 3D 打印而成。"Mixvah 酒吧"采用 5 个双极型结晶体管（TIP120），运行 Arduino 系统。平板电脑上运行 Johnny-Five 软件包，以远程操控 Arduino。

随着科技发展日新月异，相信白酒的 3D 打印时代也会到来，到时候你可能就可以在家里自己打印一瓶属于自己的定制白酒、啤酒、鸡尾酒等，与来客欢饮共享。

三十九、这些"曲"把你搞昏头了吗？

很多朋友问我，市面上这么多大曲、小曲、特曲、头曲、二曲、三曲，都把大家搞昏了，那么到底这些曲是什么意思？

1. 曲为酒之母

酿酒加曲，是因为酒曲上生长有大量的微生物，还有微生物所分泌的酶（淀粉酶、糖化酶和蛋白酶等），酶具有生物催化作用，可以加速将粮食中的淀粉、蛋白质等转变成糖、氨基酸。糖在酵母菌的作用下，分解成乙醇，即酒精。

酒曲的起源已不可考，关于酒曲的最早文字可能就是周朝著作《书经·说命篇》中的"若作酒醴，尔惟曲蘖"。从科学原理加以分析，酒曲实际上是从发霉的谷物演变来的。酒曲的生产技术在北魏时代的《齐民要术》中第一次得到全面总结，在宋代已达到极高的水平，主要表现在：酒曲品种齐全，工艺技术完善，酒曲尤其是南方的小曲糖化发酵力都很高。原始的酒曲是发霉或发芽的谷物，人们加以改良，就制成了适于酿酒的酒曲。由于所采用的原料及制作方法不同，生产地区的自然条件有异，酒曲的品种丰富多彩。大致在宋代，中国酒曲的种类和制造技术基本上定型。后世在此基础上还有一些改进。

2. 曲的名称分类

按原料是否熟化处理可分为生曲和熟曲。

按曲中的添加物来分，又有很多种类，如加入中草药的称为药曲，加入豆类原料（豌豆、绿豆等）的称为豆曲。

按曲的形体可分为大曲（草包曲、砖曲、挂曲）、小曲（饼曲）和散曲。

按酒曲中微生物的来源，分为传统酒曲（微生物的天然接种）和纯种酒曲（如米曲霉接种的米曲，根霉菌接种的根霉曲，黑曲霉接种的酒曲）。

现代大致将酒曲分为五大类，分别用于不同的酒。

（1）麦曲　主要用于黄酒的酿造。

（2）小曲　主要用于黄酒和小曲白酒的酿造。

（3）红曲　主要用于红曲酒的酿造（红曲酒是黄酒的一个品种）。

（4）大曲　用于蒸馏酒的酿造。

（5）麸曲　这是现代才发展起来的，用纯种霉菌接种，以麸皮为原料的培养物。可用于代替部分大曲或小曲。目前麸曲法白酒是我国白酒生产的主要操作法之一。其白酒产量占总产量的 70% 以上。

3. 什么是特曲、头曲、二曲、三曲？

（1）馏分说　特曲、头曲、二曲、三曲等是蒸馏时接酒时间不同而对不同馏分的酒的称谓，也就是按照发酵、储存时间长短的命名，如特曲、头曲、二曲、三曲等，也叫做量质定级。其中规定特曲储存三年，头曲储存一年，二曲储存半年。

（2）曲药质量说　另外一说是按照酒曲的品质等级来划分。在酿酒界，品质最好的酒曲，可被称作"特曲"，而后依次是"头曲""二曲""三曲"。

过去酿酒技师和作坊老板们直接用酒曲的等级来划分并命名白酒，因此特曲、头曲、二曲、三曲等渐渐也成为白酒的产品名称。当然，酿酒所使用的酒曲的品质越好，酒的品质也就越高。

不论是按照馏分说，还是按照曲药质量说，其实都是根据质量定级，特曲、头曲、二曲、三曲的质量是依次递减的。实际上特曲、头曲、二曲、三曲都是大曲酒。

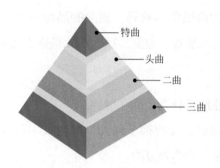

四十、药酒是不是泡得越久越好？

古人认为，"酒乃百药之长"，药酒将中药与酒"溶"于一体，"药借酒力、酒助药势"，能在很大程度上提高药效，滋补身体。在坊间，不少人都以为，药酒进补只能用于冬令寒冷之时，以温肠胃、御风寒。但事实却并非如此，春季其实也是饮用药酒的佳季。随着春季阳气不断升发，人体的代谢功能状态也处于旺盛时期，此时，若能适当喝点药酒，不仅可促进气血运行，还能起到很好的养生防病功效。

1. 药酒泡得越久越好？

不管是自制药酒还是买来的药酒，许多人都喜欢放置很长时间后才开封饮用，认为药酒存放越久，药物在酒中更容易发散，药效也肯定越好。有人说："酒是陈年的香，药酒也算酒，估计也是如此。"不过，这种说法不一定正确。药酒并非泡得越久越好，在一般情况下，药材浸泡的时间不宜过长。因为泡制的时间太长，酒精挥发后抑菌作用会降低，泡太久的药材也可能霉变。但是也有些药酒需浸泡较长时间，如龟蛇酒、三蛇酒等均需浸渍3个月至半年，才可饮服。

此外，炮制药酒所取之酒（专业术语叫酒基）也不能根据口味随心所欲，一般都要以酿制精良的白酒做酒基，其中，又以高粱酿制的白酒为最佳。现在药店售的浸泡药酒，多用白酒为材料。

2. 药酒有哪些类型？

药酒的关键在于其药物的特性，严格来说，它仍是药，仍然要按照中医辨证论治的原则选择服用。目前，市面上售的比较多的药酒通常分为4大类，人们可根据自己的体质特点，在中医师、中药师的指导下合理选用，按规定的用法、用量饮服。

（1）滋补类药酒　用于气血双亏、脾气虚弱、肝肾阴虚、神经衰弱者，主要由黄芪、人参、鹿茸等制成。著名的药方有五味子酒、八珍酒、十全大补酒、人参酒、枸杞酒等。选用滋补药酒时要考虑体质，形体消瘦的人，多偏于阴虚血亏，容易生火、伤津，宜选用滋阴补血的药酒；形体肥胖的人，多偏于阳衰气虚，容易生痰、怕冷，宜选用补心安神的药酒。

（2）抗风湿类药酒　用于风湿病患者，著名的药方有风湿药酒、追风药酒、五加皮酒等。症状较轻者可选用药性温和的木瓜酒、养血愈风酒等；如果已经风湿多年，可选用药性较猛的蟒蛇酒、三蛇酒、五蛇酒等。

（3）壮阳类药酒　用于肾阳虚、勃起功能障碍者，主要由枸杞、三鞭等制成。著名的方剂有多鞭壮阳酒、淫羊藿酒、青松龄酒、羊羔补酒、龟龄集酒、参茸酒、海狗肾酒等。

（4）活血化淤类药酒　用于风寒、中风后遗症者，药方有国公酒等；用于骨肌损伤者，方剂有跌打损伤酒等；有月经病的患者，可以用调经酒、当归酒等。

3. 药酒的制作方法有哪些？

综合历代医家制作药酒的方法，按生产方法的不同，主要有浸渍法、酿造法等方法。

浸渍法是家庭药酒制作时最常用的方法，具体又有冷浸法和热浸法的不同。对那些有效成分容易浸出的单味药，或味数不多的药物，或有较强挥发性成分的药物，多采用冷浸法。如果药酒的处方配伍众多，酒量有限，用冷浸法有效成分不易浸出，就应当选用热浸法。对酒精度数较低的酒，如黄酒、果酒，不容易将药物中某些有效成分溶解出来，也常常利用加温的方法使药物的有效成分能尽可能多地析出。

（1）冷浸法　将药物适当切制加工，若泡用的酒量不多，可将切片或粉碎的药物用干净纱布、绢布袋包装，扎紧袋口，放入酒器中；大剂量制作则不用袋盛，直接将药物置于容器内，然后加入适量的白酒或黄酒，密封浸泡。浸泡时间根据处方需要和酒量多少而定，一般经 1 个月左右，最短不少于 7 天。密封后的酒器应放置在阴冷避光处，适当搅动或晃动，使酒与药物能充分接触。开始每天搅动或摇晃 1 次，7 天后可改为每 1 周搅动或摇晃 1 次。待药物有效成分浸出后，取上清酒液，药渣压榨后弃去，酒液静置过滤澄清，储存在酒瓶中，慢慢饮用。有些药酒需浸泡较长时间，如龟蛇酒、三蛇酒等均需浸渍 3 个月至半年，才可饮服。另有一种冷浸方法，不需压榨去渣，而在浸泡到一定时间，即开始取上清酒液服用，服去一半药酒液时，再加入适量原料酒，如此往复，直至药味清淡为止。余下药渣，可研为细末，用药酒送服。如参茸酒就可用此法泡制。

（2）热浸法　将药物轧粗末，或切薄片，放进酒器内，加入适量的酒，密封瓶口，然后隔水蒸煮至沸，取出候冷，放置于阴凉处，继续浸泡至规定时间，滤取上清酒液，药渣则压榨后取液过滤，两液合并，经澄清后，装瓶慢慢饮用。另有一种方法也属于热浸法，即将药物放陶器（如砂锅）中，加入适量酒，用厚纸将酒器口封固，浸泡数小时后，上文火慢煮至沸，取下候凉，静置 2 ~ 3 日，滤取上清酒液，药渣压榨取汁，过滤澄清，两液合并，装瓶备用。

（3）酿造法　本法是用米、曲和药物，通过直接发酵的方法酿取成酒。古代常用此法，而近代民间还有应用。其方法是根据处方取用适量的米（糯米或黄黏米）、酒曲和药材。先将药材捡洗干净，打成粗粉状；米淘洗干净，曲粉碎。以水浸米，令膨胀，然后蒸煮成干粥状，待冷却至 30℃左右，加入药粉和酒曲，搅拌均匀，置陶器内发酵。发酵时应保持适当的温度，如温度升得太高，可适当搅拌以降温。经过 7 ~ 14 天，发酵完成，经压榨、澄清，滤取酒液。将滤取的酒液装瓶，再隔水加热至 75 ~ 80℃，以杀灭酵母菌及其他杂菌，保证药酒质量并便于储存。另一种方法是先煎煮中药，取药汁与米搅拌同蒸煮，然后加入酒曲发酵成酒。用酿造法制作出的药酒，酒精度较低，适于不会饮酒者。

四十一、同一批次的酒，为什么总觉得喝起来不一样？

你一定遇到过以下情况：同样一款酒，批次、甚至装箱都是一样的，买回家喝的和在店里品鉴时的味道口感不一样；或者买了两瓶，一瓶好喝，而另一瓶闻起来、喝起来却要逊色一些；或者参加盲品活动，上次明明品对了这一次却错了。内心升起疑惑：是否其中一瓶是假的？是不是拿错了？但经过仔细的鉴别和对比，确定都是正品。这种现象是否正常？到底是厂商搞鬼，还是个人心理因素作怪？我们该如何去看待这种现象？

其实，葡萄酒圈管这种现象叫"瓶差"，即同一款葡萄酒，瓶与瓶之间出现了香气与口感上的差别。白酒也有，其瓶差成因主要体现在以下两大方面。

1. 客观因素

（1）运输条件　同样一批酒出厂，发往各地，因路途、目的地不同，有的酒坐上飞机，有的酒放进游轮，有的酒放在货车上配送。不同的运输方式，运输时间、运输过程中所处环境、所受遭遇导致酒在内部发生不同程度的反应。

比如说，运输过程中上层的酒颠簸程度高于下层，使得上层酒氧化速度微快于下层，从而口感也会有所不同。另外，在运输中接触阳光一面暴晒的酒氧化速度会加快，与底层或阴暗面的酒口感有所差异。

（2）储存环境　白酒的储存讲究恒温恒湿，环境要干净整洁。很多酒商达不到这样理想的储存环境，往往存放在杂货间，因此其他存放物的气味就会附着在酒盒和酒瓶上，这就与专业储存的酒产生了差异。

另外，白酒在窖藏过程中的温度差异也会造成不同的影响，高温会让酒液品质加速老化，低温则利于芳香酯类物质生成。所以同一批出厂的酒，在北方和南方就可能会造成瓶差。

2. 主观因素

这主要是指品鉴时的生理状态，一个人在喝酒时整体的生理状态会影响对酒的感受。如果品鉴者的身体状况不佳，口中唾液的分泌会减弱或发生变化。而口中分泌的唾液对酒和食物的口感有非常重要的缓冲作用。

同一批次的酒，从运输到售卖，从厂家到消费者，层层转手至不同的终点，因为储存环境、运输条件或者饮用时生理状态的不同，每一瓶酒的香气口感都可能会产生差异，所以当我们喝到一款酒，发现其表现有点失常时，请不要轻易否定其品质，有时候也许是出现了瓶差的问题。一般而言，瓶差现象都是一些小问题，并不会对白酒产生过大的影响，所以面对这种现象也不用过分在意与计较。

四十二、老酒的七种陈味

白酒在陈放过程中其内部发生一系列的物理、化学变化，这些变化使得陈年白酒会生成一股令人愉悦的陈味，而不同的酒其陈味喝起来又是不一样的。

陈年老酒有酱陈、窖陈、木陈、醇陈、油陈、老陈、曲陈等七种陈味。酱陈有点酱香气味略带陈醋香气；窖陈，类似老窖底泥香气；木陈，似老木头香味；醇陈，一种幽幽而漂浮不定的陈香；油陈，带脂肪酸酯的香气；老陈，略带轻微的、舒适的药香气味；曲陈，类似焙烤食物的焦煳香。

1. 酱陈

酱陈是指有点酱香气味，似黄豆酱油气味与高温陈曲香气的综合香气，所以，酱陈似酱香又与酱香有区别，香气丰满，略带陈醋香气（或果酸香气）。

这种风味在陈年浓香型白酒里特别能感受得到，浓香型老酒的主要陈味常以酱陈、窖陈和曲陈味为主，其生成的原因是制曲过程中曲温较高。

例如，五粮液、迎驾贡酒就特别能感受到这种酱陈风味。

2. 窖陈

窖陈是指具有窖底香的陈气味或者说陈香中带有窖香气，而且是老窖底泥香气（像臭皮蛋的气味或像石灰味），比较舒适细腻，是由窖香浓郁的底糟或双轮底酒经长期储存后形成的特殊香气。

最为明显的便是泸州老窖产品。略带窖陈味的还有剑南春、全兴大曲，但不如前者那么突出明显。

3. 木陈

木陈，顾名思义，带有木头香味的陈香，似老木头香味，这种香味在剑南春中较为明显。

剑南春最明显的口感风格便是带有木香的陈，是由大麦曲香和炭花香而形成，并略带窖陈和粮香的综合香气。

4. 醇陈

这里提到的醇陈，是一种幽幽而漂浮不定的陈香，在中低温大曲白酒中可以碰到，清香型白酒和米香型白酒以老陈、醇陈和油陈为主。特别是陈年清香酒中醇陈较为常见，闻起来非常淡雅。

除了清香型白酒外，沱牌曲酒、全兴大曲也略带这种醇陈香气。

5. 油陈

油陈是指带脂肪酸酯的香气，但不是油腻气味，有轻微的豉香气，舒适宜人。这种陈香在豌豆入曲的白酒中较为常见，原料含蛋白质较多。

例如江淮派浓香型白酒，其窖香、曲香、粮香比川酒差，但油陈比较突出。这类酒刚酿出时往往带有舒适的豆香和豆鲜，除了江淮派白酒外，1996 年秦川大曲、1993 年 38° 湄窖也带有这种香气，但非常缥缈。

6. 老陈

老陈是陈年老酒里最常见的一种陈味，它略带轻微的、舒适的药香气味，非常丰满、幽雅、细腻。

这种香味常见于长时间低氧发酵的浓香酒，例如双轮底的高炉家酒、陈年的鸭溪窖有很明显的这种气息。

7. 曲陈

曲陈似综合氨基酸的香气或陈曲断面时的香气，发酵温度越高的大曲，这种香气越明显。

不过曲陈是一种饱受争议的味道，没有明确代表哪一种酱香曲或是浓香曲之类的白酒曲香。

四十三、纯粮固态酒有哪三种类型？

白酒按生产工艺可以分为固态法白酒、液态法白酒、固液结合法白酒，固态法白酒即我们通常所说的粮食酒，液态法和固液结合法白酒即酒精酒。

固态发酵法白酒是以粮谷为原料，采用固态糖化、发酵、蒸馏，经陈酿、勾兑而成的，未添加食用酒精及非白酒发酵产生的呈香呈味物质，具有本品固有风格特征的白酒。

根据生产用曲的不同及原料、操作法及产品风味的不同，纯粮固态酒一般可分为大曲酒、麸曲酒和小曲酒三种类型。

1. 大曲酒

大曲酒即用大曲作为糖化发酵剂，进行固态发酵所产的酒。

大曲一般采用小麦、大麦和豌豆等为原料，压制成砖块状的曲坯后，让自然界各种微生物在上面生长而制成，其发酵期长，菌曲很长，微生物含量非常丰富。所以生产的大曲酒具有浓郁的曲香和醇厚的口感，产品质量较好，但成本较高，出酒率偏低。

全国名白酒、优质白酒和地方名酒的生产，绝大多数是用大曲作糖化发酵剂。例如茅台、五粮液、汾酒、剑南春、诗仙太白等。

2. 麸曲酒

麸曲酒即采用麸曲为糖化发酵剂生产的酒。麸曲是以麸皮为原料，蒸熟后接入纯种曲霉或其他霉菌，人工培养的散曲。

此法生产的白酒发酵时间短，出酒率高，节约粮食，酒的香味明显不及大曲酒，不过也有其独特的优势，有利于酿造各种香型和风格的美酒。麸曲白酒是北方烧酒的典型代表，如六曲香酒、二锅头、凌川白酒等。

3. 小曲酒

小曲酒即以小曲为糖化发酵剂生产的酒。小曲又称酒药、药小曲或药饼，主要是用南方常见的大米粉或糯米粉、辣蓼、中草药这样的材料，并接种隔年陈曲经自然发酵制成。

小曲酒的生产周期短，用曲量少，酒质纯净，香味物质相对也少，其香气不如大曲浓郁，具有独特的淡雅风格，芳香清雅，口味醇甜。我国南方气候温暖，适宜于采用小曲酒法生产。四川、云南、贵州等省生产小曲酒，如江小白、江津老白干等。广东、广西生产的小曲酒主要是半固态法，桂林三花酒就是典型代表。

四十四、酱酒分为哪四个等级?

酱香型白酒作为中国白酒的一个主流品类，最近这两年颇受消费者青睐。但市场上的酱酒产品价格悬殊之大，包括同一品牌的产品，上至上千元，下到一百来块，很多消费者都不清楚它们的区别，也不知道哪个价位的酒才算正宗。

其实，酱香型白酒可以分为四大等级，它们因生产原料、工艺等的不同，最终的品质也有着天壤之别。

1. 捆沙酒

捆沙酒也叫"坤沙酒"或"坤籽酒"，也就是人们常常说的那种正宗的酱香型白酒。它的原料是完整颗粒的本地糯高粱（占比为80%以上），严格按照传统的贵州茅台酒工艺"一二九八七"进行生产，生产周期长达一年，经历两次投料、九次蒸煮、八次发酵、七次取酒等30道工序，且需要3～5年的窖藏方能到达其较佳风味。坤沙酒出酒率低，品质最好，具有大曲酱香白酒的典型风格，酱香味突出，优雅细腻，酒体丰满，回味悠长，空杯留香持久。这一类酱香型白酒酿造成本高，茅台酒的高端产品飞天、五星等都是坤沙工艺。

2. 碎沙酒

碎沙酒是用粉碎的高粱酿出的酒。碎沙酒是将原料100%破碎，打磨成粉状，所以生产工艺相对快捷，生产周期也比较短，但是出酒率高。不需要严格的"回沙"工艺，一般烤二三次就把粮食中的酒取完了。

这类酱香型白酒酿造成本比较低，虽然酿造出来的酒入口好，香味比较大，整体也还比较协调，但是和坤沙工艺的酒相比要单薄不少，酒体层次感也比较单一，空杯留香的时间短，容易出现杂香味。

目前市场上销售的一些中端的酱香型白酒就是这类产品。茅台中端的王子酒就是碎沙酒。

3. 翻沙酒

翻沙酒就是用坤沙酒蒸煮取酒后丢弃的酒糟，再加入一些新高粱和新曲药后酿出的酒。生产周期短，出酒率高，成本较低。这一类酱香型白酒的细腻感和丰满度不行，后味带有焦苦味，空杯留香时间短。

很多大品牌的低端酒，其实用的就是这种工艺。茅台迎宾酒，就是用茅台酒的酒糟加新粮食酿成的。

4. 窜香酒

窜香酒，业内称之为"串酒"，也叫"串香酒"，是用坤沙酒最后蒸煮取酒后丢弃的酒糟，加入食用酒精蒸馏后的产品。或者直接用酒精勾兑香精，调成酱香味道，冒充酱香酒。

这种酱香型白酒的质量差，成本特别低廉，市场上一般卖几元或是20多元一瓶的酱香型白酒便是这种工艺。当然，从严格意义上讲这种酒算不得是酱香型白酒了。

四十五、酱酒为什么一定要窖藏三年之久？

了解酱酒的人都知道，以茅台为代表的传统大曲酱香白酒从原料进厂到产品出厂，需要经过至少 5 年的时间——历经端午制曲、重阳下沙、2 次投粮、9 次蒸煮、8 次发酵、7 次取酒足足一年的生产周期后，所产原酒再装入陶罐，天然窖藏至少 3 年时间，然后用于勾调，最后得到成品出厂送至千家万户的餐桌上。其中，酱酒复杂的生产工艺需一年时间不难理解，但新酒到勾调环节，为什么要耗费 3 年之久的时间在酒库放置呢？这其中又有什么奥秘呢？

俗话说"酒是陈的香"，但白酒陈化过程是一个复杂的物理、化学变化过程，不是所有的酒经过储存就会变好，更不是所有的酒都是越陈越好。酱香型白酒合理的窖藏期为 3 年以上，主要与其独特的生产工艺、酒精度、物质成分有关。

刚酿出的新酒由于制曲、堆积、发酵工艺都是在高温条件下进行，高沸点的生香型酸类物质较多，不易挥发，多含有醛类和硫化物等低沸点杂质，难免有暴辣、冲鼻、刺激性大的缺点。

经长时间的陶坛储存，空气中的氧气及茅台镇特有的微生物能进入坛内，与酒产生"微氧循环"，使坛内的酒产生呼吸，酒体自身发生了氧化和酯化等多种化学、物理变化，有效地排除了酒的这些低沸点杂质，使得辛辣味减少，酱香突出，酒体变得柔和、绵软，香气也更纯正优雅。

酱香型白酒入库时的酒精含量一般在 52% ~ 57%，酯化、缩合反应缓慢。三年以上的长时间储存能使酒随着发酵期的延长，其香味物质增加，也就是酱香和陈香更突出，风格更典型。

酱香型酒颜色允许带微黄，而这些微黄的颜色，就是来自酿酒过程中生成较多的联酮类化合物。长达三年以上的窖藏，令酱香型白酒中的联酮类化合物不断增加，使得酒味增强，酒体的酱香、芳香、醇厚感也明显得到提升。

酒精和水都属于极性分子，经过窖藏之后，白酒中的乙醇分子和水分子的排列逐渐理顺，从而加强了乙醇分子之间的束缚力，降低了乙醇分子的活度，让白酒的口感变得更加柔和。与此同时，白酒中的其他香味物质分子也会产生缔合作用。当白酒中缔合的大分子群增加，受到束缚的极性分子就越多，白酒就会越绵软、柔和。

科学测定，酒精浓度在53%时水分子和酒精分子缔合得最牢固，再加之酱酒储存时间长，酒精分子与水分子的缔合效果越好，也就减轻了酒的刺激感，其老熟度越高，香味越幽雅，使酱香酒较柔和，酒度高而不烈，对人体的刺激小，醇和回甜。

四十六、酱香白酒变酸是怎么回事?

俗话说"酒败成醋，狗恶酒酸"，酒自古以来是酸的不好。

酱酒企业在召开品鉴会时，也经常听到酒友反映酱酒喝着喝着变得越来越酸了，有人认为这是酒质不好的表现，有人说这是酒变质了不能再喝了。

首先，白酒的酸化实属正常，白酒中的酯会水解成醇和酸，同时白酒中的酸和醇也能生成酯，这是个可逆反应，当白酒中的平衡打破后它将发生反应生成酸和醇，酒就自然酸了。

再说，酱酒的酸是一个好事，因为在各大香型的白酒中，酱香白酒的酿造工艺和口感最复杂，酒体中富含的酸性物质是其他白酒的3~5倍。这些酸物质主要以乙酸和乳酸为主，适量饮用可软化血管，我们常说的酱酒对人体健康有好处便是指此。酒中酸类物质及感官特征见表3。

表3　酸类物质及感官特征

项目	感官特征
甲酸	闻有酸刺激性气味，入口微有酸味，微涩
乙酸	闻有醋味，爽口微甜，带刺激
丙酸	闻稍有酸刺激，入口柔和，微酸涩
丁酸	闻有脂肪臭，汗臭味，微酸带甜
异丁酸	闻有脂肪臭，似丁酸气味
戊酸	脂肪臭，微酸，带甜
异戊酸	似戊酸
己酸	较强脂肪臭，有酸刺激感，较爽口

项目	感官特征
庚酸	强脂肪臭，有刺激感
辛酸	脂肪臭，稍有刺激感，不溶于水
壬酸	有轻快的脂肪气味，酸刺激敏感，不溶于水
癸酸	愉快的脂肪气味，有油味，易凝固
油酸	较弱的脂肪气味，油味，易凝固，水溶性差
月桂酸	月桂油气味，微甜爽
乳酸	微酸，涩，有浓厚感
苯甲酸	微有愉快气味，微甜，带酸

但是，一瓶酱酒中，酸物质的含量是很低的，一般不会超过整个酒体的0.1%，否则要么影响酒体的品质，或者直接酱酒变醋，酸气熏天。因此，正常情况下，我们是察觉不到明显酸味的。如果你感到一瓶酒变酸了，可能有几种原因。

1. 度数过低

多数酱酒的酒精度都是53度，这种度数的酒会抑制九成以上的微生物，变质的可能性很小。度数较低的酒体在长时间的放置过程中会滋生许多微生物，生成大量酸性物质，影响酒的口感和香味。

因此，酒友在挑选收藏的酒品时，尽量选择高度数的白酒，度数越高的白酒越有收藏价值。

2. 储存环境差

一些酒友储藏酒的方式比较随便，直接把味重、味杂的东西与酱酒一起存放，导致酱酒瓶身上容易附着一些带异味的微生物，这些微生物逐渐渗入酒体，影响酱酒的口感。

3. 经常开封酒

白酒的主要成分为乙醇，乙醇氧化后变成乙醛，乙醛再次氧化会成乙酸，产生酸味。若在封闭的环境中，乙酸和乙醇会发生酯化反应，就会产生香味。如果经常开封酒瓶、酒坛，酱酒就会得到充分的氧化反应，产生酸味。

四十七、长毛发霉"老酒"一点也不靠谱

长期以来，发霉长毛"老酒"已经呈泛滥之势，无独有偶，另外一种由"X总"主导的名酒特卖广告也愈演愈烈。当酒业需要这些非正常的"营销"手段来证明价值，无疑是行业的退步。

1. 生产日期"上周"的长毛"老酒"

给你一个长毛的面包，你会吃吗？相信很多人不会去吃。但如果换成一坛长毛的"老"酒，却有很多人反而认为是好酒！

事实却是，长毛"老酒"并非真正的陈年老酒，这些包装上长毛、发霉的酒，伪装成老酒，不停地喝进消费者的口中，而这些"老酒"甚至达不到基本的食品卫生标准。

在某电商平台以及社交媒体朋友圈里，洞藏发霉"老酒"大行其道，折算下来价格38元/斤、58元/斤，价格十分优惠，而这些商家宣称的"老酒"号称"储存××天""纯粮原浆""洞藏酒"，倒出来后"颜色微黄、酒花丰富"，也是赚足了眼球，让很多受"酒是陈的香"熏陶的消费者误以为"长毛"是陈酿时间长的表现，从而乐意买单。

长毛、发霉的"老酒"真的是老酒、好酒吗？专业人士告诉的真相让人哭笑不得：用"食用面粉、酒坛子、食用酱油、皮纸、食用豆浆"这些轻松易得的材料，2分钟就能轻松炮制这种老酒发霉的材料，然后在潮湿环境中，7天几乎就能达到"长毛"的效果。

至于长毛"老酒"的"颜色微黄"特点，本人在《颜色微黄的白酒都是陈年好酒么？》中进行了分析：白酒的微黄色如果是在生产储存过程中正常产生的，则是好酒的体现，但是有些违规酒厂利用人们对陈年好酒微黄透明色泽的偏好，在低质酒中采用不正当手段添加沙棘黄、甜黄素等色素；还有使用加入大量铁离子的猪血、石灰、油料等裱糊的容器储存酒，铁离子逐渐溶入白酒中，这些都能在一定程度上起到类似优质陈年白酒的微黄色泽。原来这些"老酒"不是陈酿多少天，而是"上周"的，"微黄"也来自添加其他物质。在涉嫌"欺骗消费者"之外，更加严重的是这些长毛"老酒"可能危害消费者的健康。

长毛"老酒"违反了《食品安全法》的规定，也不符合关于白酒的有关卫生标准，食物在发霉的过程会产生黄曲霉素，这是一种被证明毒性极强的物质，具有强致癌作用，会对人体的肝脏等器官造成伤害。

与长毛"老酒"形成鲜明对比的是正规企业的白酒陈酿。正规白酒生产企业的白酒陈酿都是在恒温恒湿的干净环境中进行的，而且要有专人进行定期清理，即使有的企业涉及特殊的存储环境，也会在成品酒生产过程中按照有关的法律和生产标准进行生产，确保产品的食品安全与质量问题。

2. 电视购物中卖酒的不靠谱"X总"

从促销手段来看，电视/电台购物中的酒类产品往往具有很多的相同点：茅台镇、原浆、年份酒、茅台集团××公司出品、五粮液集团××公司出品等关键词组合起来作为销售的酒类产品的背书，然后在文案中绑定一些知名白酒进行比较，并标注一个很高的市场价格，进而通过"×总"打折的形式以较低的价格进行促销，利用消费者对名酒价格结构与品牌序列的认识不足，诱惑消费者购买。

实际上，除了极少数白酒企业把自身的市场大流通产品曾通过电视购物的方式销售之外，大部分电视购物中销售的白酒产品都是酒类企业的贴牌产品，并非市场上消费者常见的酒类产品，而各类的"×总"也多是演员或者参加促销活动的厂家的促销人员，即使厂家标注的茅台镇产地，也并不能说明在本产区每一家酒厂出产的酒品都具有与茅台酒具有相同的价值。

由于这些产品在市场上比较少见，因此其所标示的市场价格到底有多少"水分"消费者并不清楚。此前媒体也曾估算了某电视购物中促销的进口葡萄酒的价格，发现行业同行的进口该类产品的成本价格完全低于电视促销的价格，换言之"×总"的大出血促销之下，依然有相当可观的利润。

除此之外，有一些酒品促销的时候打出的"原浆"牌，实际也并不靠谱。原浆酒传统意义上指粮食通过发酵蒸馏出来，不经过任何勾调（勾兑）工艺的原酒，也叫基酒，但其并不适于直接饮用。国家级酿酒大师、水井坊原副总经理赖登煜曾明确地说过，原酒不经过勾调喝下去对身体健康是不利的，因为白酒是有标准的，酒体中的各种指标只有合格了，对人体的伤害才是最小。

四十八、白酒不能用易拉罐装?

很多事情我们习以为常,但一经琢磨却不知为何该这样做。比如,啤酒有用易拉罐装的,也有用玻璃瓶装的,但白酒却见不到易拉罐装的。

那么,白酒为什么没有易拉罐装的呢?是不能还是少见?为什么呢?

1. 白酒不能用易拉罐装?

白酒不是不能用易拉罐装,而是不宜。

白酒容器有"三宜""两不宜"之说。所谓"三宜"器具指的是玻璃容器、陶瓷容器、血料容器料。"两不宜"器具是指塑料容器、易拉罐容器。

塑料装的白酒,我们常常在一些散装白酒中见到,而易拉罐装的白酒则一直没有出现。但为了自身健康,在购买了塑料桶装的白酒后,也请尽早用玻璃容器来装酒储存。

因为目前市面上白酒的塑料桶包装,分为两类:一类是一般聚乙烯塑料。用聚乙烯塑料桶装白酒,时间一长,聚乙烯可大量溶解于酒精中,人们饮用这种酒后,会造成皮肤过敏,严重的会导致贫血症。

另外一类是聚对苯二甲酸乙二醇酯(PET)包装。PET 是一种新型的高分子聚酯材料,国外已用于啤酒等低酒精酒的包装,其用来装白酒,不会有危害,但存放时间过长后,酒精会逐渐挥发。

2. 为什么白酒不宜用易拉罐装?

这是因为白酒自身的属性,使其不宜用易拉罐来盛装。

(1)会腐蚀易拉罐 白酒含有较高的酒精及其他化学物质,总酸也比较高,有可能产生与易拉罐内壁发生化学反应的物质,从而会腐蚀罐体,导致白酒漏出。尤其白酒在酿造灌装之后里面的各类物质依然在发生变化,更增加了与易拉罐内壁发生化学反应反应的可能性。

(2)传统要求从外部观察品质 由于白酒是没有保质期的,因此白酒的类型和品质一般可从外观上观察。大部分白酒品质要求酒体晶莹透明,发现混浊则是质量不高。而酱香型白酒,酒体要呈微黄色。所以,用易拉罐来盛装则无法观察。

(3)不利于储藏和运输 就目前市场上常见的易拉罐产品有两大类:一类

是带气的，一类是不带气的。另外，从易拉罐的发展历史来看，它的一个很鲜明特点就是越来越轻。越来越轻的易拉罐，带来的相应变化就是易拉罐壁越来越薄。

因此，易拉罐最好用来装含气体的液体，比如可乐、汽水、啤酒等。这样气体一膨胀，就会增加罐壁的强度，所以就不容易变形，利于运输和储藏。而不含气体的饮料如白酒等，罐壁需要做得很厚才行，这就增加了成本，用来装白酒很不划算。

（4）不利于销售　相对啤酒、汽水而言，白酒的价格普遍较高，而易拉罐又不易做出档次，不利于销售。

饮酒习俗篇

四十九、清明时节谈酒的起源

又是一年清明时，人们一般将寒食节与清明节合为一个节日，有扫墓、踏青的习俗，始于春秋时期的晋国，这个节日饮酒不受限制。据唐代段成式著的《酉阳杂俎》记载：在唐朝时，于清明节宫中设宴饮酒之后，宪宗李纯又赐给宰相李绛醽酒。清明节饮酒有两种原因：一是寒食节期间，不能生火吃热食，只能吃凉食，饮酒可以增加热量；二是借酒来平缓或暂时麻醉人们哀悼亲人的心情。古人对清明饮酒赋诗较多，唐代白居易在诗中写道："何处难忘酒，朱门羡少年，春分花发后，寒食月明前。"杜牧在《清明》一诗中写道："清明时节雨纷纷，路上行人欲断魂；借问酒家何处有，牧童遥指杏花村。"

酒的起源是什么？对于酒的起源据史书记载的说法引录五种。

1. 上天造酒说

在窦萍所撰的《酒谱》中说"天有酒星，酒之作也，与天地并矣"。此说认为天地与酒同龄，天上的酒星就是用来作酒的。素有诗仙之称的李白，在《月下独酌·其二》一诗中有"天若不爱酒，酒星不在天"的诗句；东汉末年以座上客常满，樽中酒不空自诩的孔融，在《与曹操论酒禁书》中有"天垂酒星之耀，地列酒泉之郡"之说；经常喝得大醉，被誉为鬼才的诗人李贺，在《秦王饮酒》一诗中也有"龙头泻酒邀酒星"的诗句。当然谁也不相信酒是上天造的，只是酿造的历史实在是太久远了。

2. 猿猴造酒说

古代山林，果实盈野，猿猴以采食野果为生，夏秋季节，硕果累累。它们将吃剩下的果实、果皮扔在岩洞石缝中。这些果实、果皮腐烂时，果皮上的野生酵母菌使果实中的糖分自然发酵，变成酒浆，这就是天然形成的果子酒，人们把这种酒称为"猿酒"。

3. 黄帝造酒说

古代人们给后人留下了很多传说表明，在黄帝时代我们的祖先就已开始酿酒。当时中华民族的始祖黄帝发明了"酒泉之法"，并曾有"汤液酒醪"之论，因此，后人也曾尊他为酒的创始人。汉代成书的《黄帝内经》中记载了黄帝与岐伯讨论酿酒的情景，《黄帝内经》中还提到一种古老的酒——醴酪，即用动物的乳汁酿成的甜酒。黄帝是中华民族的共同祖先，是华夏民族智慧的化身，很多发明创造以及许多美丽的传说都可能出现在黄帝时期。

4. 仪狄造酒说

在史籍中有多处提到过仪狄造酒，认为仪狄是造酒的鼻祖。"酒之所兴，肇自上皇，成于仪狄"。意思是说，自上古三皇五帝的时候，就有各种各样的造酒的方法，是仪狄将这些造酒的方法归纳总结出来，始之流传于后世的。能进行这种总结推广工作的，当然不是一般平民，所以有的书中认定仪狄是司掌造酒的官员，这恐怕也不是没有道理的。有书载仪狄作酒之后，禹曾经"绝旨酒而疏仪狄"，也证明仪狄是很接近禹的"官员"。

5. 杜康造酒说

魏武帝曹操在《短歌行》中吟道："何以解忧，唯有杜康"，自此以后，认为酒就是杜康造的说法就比较多了。传说杜康小时候放羊，晌午在酒泉沟吃饭，那儿桑树丛生，且有清泉，杜康常在此处缅怀先祖，饭难下咽，将饭食扔进身边的桑树洞里，日积月累，剩饭积得很厚，杜康不思饮食，日渐消瘦，邻居给了他一些曲粉，无意中他又将曲粉扔进了树洞，树洞里的饭被曲粉发酵成了酒。杜康饮了些酒，才发现它能为他解忧助兴。他认真总结了"空桑积饭"和"加曲发酵"的道理，开始了酿酒。

五十、酒是不是猿猴造的?

猴子与酒的关联匪浅，历史上就有猿猴造酒的说法。

唐人李肇所撰《国史补》一书，对人类如何捕捉聪明伶俐的猿猴，有一段极精彩之记载。猿猴是十分机敏的动物，它们居于深山野林中，在岩林木间跳跃攀缘，出没无常，很难活捉到它们。经过细致的观察，人们发现并掌握了猿猴的一个致命弱点，那就是"嗜酒"。于是，人们在猿猴出没的地方，摆几缸香甜浓郁的美酒。猿猴闻香而至，先是在酒缸前踌躇不前，接着便小心翼翼地用指蘸酒吮尝，时间一久，没有发现什么可疑之处，终于经受不住香甜美酒的诱惑，开怀畅饮起来，直到酩酊大醉，乖乖地被人捉住。这种捕捉猿猴的方法并非我国独有，东南亚一带的群众和非洲的土著民族捕捉猿猴或大猩猩，也都采用类似的方法。这说明猿猴是经常和酒联系在一起的。

猿猴不仅嗜酒，而且还会"造酒"，这在我国的许多典籍中都有记载。清代文人李调元在他的著作中记叙道："琼州（今海南岛）多猿……。尝于石岩深处得猿酒，盖猿以稻米杂百花所造，一石六辄有五六升许，味最辣，然极难得。"清代的另一种笔记小说中也说："粤西平乐（今广西壮族自治区东部，西江支流桂江中游）等府，山中多猿，善采百花酿酒。樵子入山，得其巢穴者，其酒多至娄石。饮之，香美异常，名曰猿酒。"看来人们在广东和广西都曾发现过猿猴"造"的酒。无独有偶，早在明朝时期，这类的猿猴"造"酒的传说就有过记载。明代文人李日华在他的著述中，也有过类似的记载："黄山多猿猱，春夏采杂花果于石洼中，酝酿成酒，香气溢发，闻娄百步。野樵深入者或得偷饮之，不可多，多即减酒痕，觉之，众猱伺得人，必嬲死之。"可见，这种猿酒是偷饮不得的。

这些不同时代、不同人的记载，起码可以证明这样的事实，即在猿猴的聚居处，多有类似"酒"的东西发现。至于这种类似"酒"的东西，是怎样产生的，是纯属生物学适应的本能性活动，还是猿猴有意识、有计划的生产活动，那倒是值得研究的。要解释这种现象，还得从酒的生成原理说起。

酒是一种发酵食品，它是由一种叫酵母菌的微生物分解糖类产生的。酵母菌是一种分布极其广泛的菌类，在广袤的大自然原野中，尤其在一些含糖分较高的水果中，这种酵母菌更容易繁衍滋长。含糖的水果，是猿猴的重要食品。当成熟的野果坠落下来后，由于受到果皮上或空气中酵母菌的作用而生成酒，是一种自然现象。就是我们的日常生活中，在腐烂的水果摊附近，在垃圾堆附近，都能常常嗅到由于水果腐烂而散发出来的阵阵酒味儿。猿猴在水果成熟的季节，收储大量水果于"石洼中"，堆积的水果受自然界中酵母菌的作用而发酵，在石洼中将"酒"的液体析出，这样的结果，一是并未影响水果的食用，而且析出的液体"酒"，还有一种特别的香味供享用，习以为常，猿猴居然能在不自觉中"造"出酒来这是既合乎逻辑又合乎情理的事情。当然，猿猴从最初尝到发酵的野果到"酝酿成酒"，是一个漫长的过程，究竟漫长到多少年代，那就是谁也无法说清楚的事情了。

五十一、RIO 算什么？千年前就有中秋桂花酒

中秋时节，往往要饮用桂花酒，桂花是富贵吉祥、子孙昌盛的象征，桂花酒自然也倍受人们喜欢。桂花酒的历史好比中秋节一样悠久，早在屈原的《九歌》中，就有"援北斗兮酌桂浆""奠桂酒兮椒浆"之说。现在各种颜色果味的 RIO 酒充斥大街小巷，可是你知道吗，我们的老祖先早就已经在喝类似 RIO 的酒了，比如桂花酒、玫瑰酒、杨梅酒等。RIO 属于预调配制酒，酒精度较低，在 10° 以下，比如而桂花、玫瑰等酒属于露酒，酒精度一般略高。实际上露酒与配制酒有很多类似的地方，有些时候甚至将配制酒与露酒等同起来，RIO 与桂花酒都是在酒基中加入了果味、花香等味道，下面来给大家讲讲桂花酒与露酒。

1. 桂花酒

桂花酒酿造历史悠久，现有桂林牌和吴刚牌等。桂林牌桂花酒由桂林酿酒总厂生产，属花、果配制甜型低酒度露酒。以本地桂花、山葡萄为原料，经浸泡、蒸馏、调整、陈酿、过滤而成，酒度15° ～ 20° ，色泽浅黄，桂花清香突出，并带有山葡萄的特有醇香，酸甜适口，醇厚柔和，余香长久。1984 年和1989 年分别被评为广西优质酒和优质食品。吴刚牌桂花酒由桂林市临桂桂花酒厂生产，以优质大米和鲜桂花为原料，采用双蒸复酿工艺精制而成，酒质清澈透亮，口感醇和爽净，既有三花酒的特色，又有桂花的芳香，回味悠长，酒度有38° 和50° 两种。

2. 露酒的概念

我国果露酒原料资源十分丰富，原卫生部曾经颁布了四批共 77 种药食两用的动植物，都可作为酿制露酒的原料。露酒在生产过程中添加的原料以中药材成分居多，饮用后对人体可产生快速的药理作用。GB/T 27588—2011 规定了露酒的术语和定义、产品分类、技术要求、试验方法、检验规则、标志、包装、运输和储存要求。露酒就是以蒸馏酒、发酵酒或食用酒精为酒基，加入可食用或药食两用的辅料或食品添加剂，进行调配、混合或再加工制成，改变了其原酒基风格的饮料酒。

3. 露酒的简单鉴别

市场上有不少伪劣露酒，经理化检验，只不过是用酒精、糖精、香精和食

用色素加水兑制而成的。这种劣质露酒口味淡薄、涩口。还有少数不法分子用合成染料代替食用色素兑制伪劣露酒。食用色素及染料的简易鉴别方法如下：把一片白纸浸入酒中，数分钟后捞起，用清水冲洗，冲洗后所染颜色基本不变说明此染料为非食用色素。但需注意，若颜色基本洗净，也不能说明一定就是食用色素，因为酸性染料都有一定的水溶性。露酒应有谐调的色泽，澄清透明；无沉淀杂质。如出现浑浊沉淀或者杂质则为不合格产品（12个月以上的瓶装产品酒允许出现少量的沉淀）。不同的露酒具有不同的香气及口味特征。原则上要求无异香，无异味，醇厚爽口。出现异香或异味的原因一般是由于酒基质量低劣，香料或中药材变质，配制不合理等原因。

五十二、中国过年酒俗

过年期间，亲朋好友都喜欢聚在一起喝酒。因为平时大家都忙于自己的事情，往往很少见面。过年时，都有几天休息的时间，大家聚在一起，喝喝酒，说说话，交流交流，联络联络感情，久而便成俗了。旧时代还有一层意思，一般的人家日子过得艰难，过年时节，都准备了许多好吃的，酒席上也就不至于失去面子。所以过年亲朋好友相聚喝酒也就自然形成习俗了。下面我来给大家讲讲过年的酒俗。

1. 腊月二十九，提瓶去打酒

民谚说："腊月二十九，提瓶去打酒"。在以前，这一天人们要提着瓶子去打酒，这也是节前最后一次准备年货。买来美酒，配上佳肴，在鞭炮声中全家人把酒言欢，甭提多高兴了。腊月二十九是农家准备年货、拾遗补阙的一天。到这一天，该准备的年货基本上都准备好了，只剩一些零碎东西需要买。比如一些食物，准备得早了，容易放坏，如果准备得太晚，到时不一定能买到，选在二十九这天置备那些零碎但也必不可少的年货刚刚好。

对于成人来说，在新年大餐中酒是必不可少的一部分。大家可以看到这里写的是"打酒"，而不是"买酒"。这是因为在旧时代，许多人承受不起买瓶装的酒。他们用自己的瓶子或者塑料袋，去酒家里买酒，那里的酒会放在一个大容器里。这样的酒要便宜许多，但是如今，对于许多人来说，买瓶装酒都是承受得起的。

2. 历代过年有什么酒俗

每到新春佳节，酒是宴席上少不了的主角。过年为什么要喝酒呢？因为"无酒不成年"。自西周开始，我们的祖先在辞旧迎新之际，就会携美酒、羔羊欢聚庆贺，祈祷丰收，过年饮酒的风俗由此开始。至汉代，"年"作为法定节日固定下来，春节饮酒已形成风气。

中国的酒文化有着几千年的历史，每个朝代都有各自不同的喝酒方式。在汉代，人们过年时喝的是椒柏酒。这是一种"保健酒"，即用椒花和柏叶浸泡的酒。北周诗人庾信诗云："正旦辟恶酒，新年长命杯。柏叶随铭至，椒花逐颂来。"反映的就是时人过年饮酒的情景。到了魏晋时期，酒的品种中又增加了一种中药保健酒，即"屠苏酒"。据说屠苏酒是汉末名医华佗所创，由大黄、白术、桂枝、花椒、乌头等中药入酒中浸制而成。孙思邈著《备急千金要方》："饮屠苏，岁旦辟疫气，不染瘟疫及伤寒"。

唐代，随着国力强大，饮酒的规模和档次都超过历代，过年时，皇宫会举行豪华酒席，还会有音乐歌舞、行酒令来助兴。不管是皇室贵族还是普通老百姓，过年饮酒已经不再是防疫治病，而增添了新的含义，图个热闹喜庆，酒也变成了助兴的道具。

在宋代，喝椒柏酒的人家很少见了，多喝屠苏酒和术汤，过年喝酒之风与隋唐相比，有过之而无不及。北宋时，过年一般一天要喝两遍酒，除了晚上自家人围坐在一起喝酒守岁外，在白天，邻里之间还会互相邀请对饮，谓之"别岁"。除了喝酒，邻里之间还会互相馈送酒食，谓"馈岁"。

元代、明代过年时，不光是喝酒助兴，还出现了许多创新的娱乐节目，最流行的是掷骰子。大人坐在一起喝酒，小孩则围在一起放鞭炮，放完鞭炮后，缠着大人要压岁钱。

自清代之后，酒又变成了传递感情的使者，赋予了更多的社交功能，过年时，提着好酒送礼拜年的风俗一直沿袭至今。

3. 古人饮酒，后敬长者

古人饮酒与现在人们饮酒时先敬尊者、长者的习俗不同，他们是让年龄最小的人先饮，然后才是长者。为什么会这样呢？年纪小的孩子，过年了就长一岁，值得庆贺；而老年人过年了意味着老了一岁，不值得庆贺，所以排到最后喝。

五十三、腊月里来说说贵州的九大酒俗

又是一年腊月到，刚刚吃完了腊八粥，转眼又要到过年，现在给大家讲讲贵州的酒俗。酒在贵州各民族的生产、生活、社交等方面，都起着至关重要的作用，是贵州少数民族丰富多彩的文化载体。能歌善舞、热情好客的贵州各族人民以其独特的民风形成了内涵丰富的民族文化，而酒文化又以其多彩的表现形式展现其淳朴的民族风貌，吸引更多的人去关注、品味。现在，让我们来领略贵州各民族奇特的酒礼酒俗。

1. 姑娘酒

苗家人生女儿时必酿酒，酿出的甜米酒，滤后用一个大肚小口的土罐盛好并密封。待寒冬腊月，水涸塘干时秘埋于塘底，十几载水涸又水溢。待女儿出嫁后回娘家时，做父亲的才在众亲友簇拥下来到水塘中取回当年的那罐子土酒，招待大家。那女酒多年藏于水底，倒在碗中绿里透红，甘甜醇和。

2. 讨八字酒

在黔西南州布依族婚俗中盛行着一种有趣的讨八字酒习俗。男女青年经过恋爱、说媒之后，双方父母无异议，需择婚期。订婚前，男方媒人来讨八字，女方要在堂屋的神案前摆上八碗称为"Biang dang"的家酿米酒，并将生辰八字写在纸上，再压在酒碗底，这时，媒人凭直觉去揭八字，揭起一碗若没有八字，媒人就将酒一饮而尽，然后再揭，直至揭出八字为止，才能带回与男方八字合在一起，由阴阳先生推算出良辰吉日，作为选定的婚期。

3. 栽花竹酒

苗家人民高兴要喝酒，婚后不育，小孩多病，久治不愈也要喝酒，叫喝栽花竹酒。该酒俗是由巫师主理，主人到山上竹林挖两根连根竹，栽在自家房屋中柱旁，还要请十二位上有父母、下有儿女的有福之人参祭，再在所栽的花竹下埋一坛密封的土酒，使其终年不干，以示吉利。

4. 滴酒祭祖

水族待客请酒，有一个滴酒祭祖的习俗。主客入席坐定后，由主人提议，请在座一位辈分最大、年岁最长人先执筷。被推出来的老人就用筷子蘸一滴酒洒在桌面上，以示向祖先敬酒。然后主人再双手捧杯向客人敬酒，客人接过酒杯放在桌上，也要用筷头蘸酒祭奠，以示对祖先的敬仰和怀念。滴酒祭祖的习俗，在苗族中也普遍盛行。

5. 鸡头酒

如果你到了黔西南，布依族人民要请你喝鸡头酒，此时的鸡头称为"凤凰头"。入席后，主人向贵宾双手奉上"凤凰头"，客人接过后，先饮酒一杯，再把"凤凰头"依次对着其他人，表示大家共同举杯，一饮而尽。

6. 大印酒

贵州黔东南州一带的苗族盛行打酒印的习俗，无论是婚嫁或是节日的酒席上，主人用萝卜或红苕等做些"大印"，酒过三巡，主客群情激动就开始打酒印。客人每饮一杯，就有人用"大印"蘸上蓝靛或墨汁、锅烟等，在客人脸上盖一印记，脸上印迹多，标志着主人盛情，客人海量。

7. 拦路酒

到贵州山乡喝酒，第一关就是拦路酒，苗族、布依族、侗族、水族都有拦路酒。苗家的拦路酒通常三五道，多的设有十二道。酒量不大的只需用嘴接着苗家姑娘敬上的酒喝上一口，千万别动手，手一碰到牛角，你就得喝完这一牛角酒，牛角小的一斤半，大的足有两斤。

8. 咂酒

最热闹的酒是咂酒，苗族、彝族、仡佬族、土家族都喝咂酒。杂粮酿酒，不蒸馏，不除糟。把一坛原酒端上，当场取封，一米多长的数根细竹制成的咂管插入坛中，主客便分批围坛捧管吸饮，未饮者在一旁歌舞助兴，再逐渐轮换，旁边还有人随时向坛内注入清凉的泉水或井水。

9. 送客酒

在黔东南州苗家做客，临别还有一场送客酒，客人上路，主人拿着酒碗，边唱边走，三步一首歌，五步一碗酒，其歌绵绵，其酒浓浓，一首首送客歌，一碗碗送客酒，将你送出寨门，歌不断曲，酒不停碗……

五十四、少数民族过年酒俗

中国人一年中的几个重大节日，都有相应的饮酒活动，如端午节饮"菖蒲酒"，重阳节饮"菊花酒"。在一些地方，如江西民间，春季插完禾苗后，要欢聚饮酒，庆贺丰收时更要饮酒，酒席散尽之时，往往是"家家扶得醉人归"。而中国的传统节日春节中的风俗习惯更是名目繁多，酒俗是最常见、最普遍的一种。酒使节日的喜庆色彩更加浓郁、更添情趣、更富神韵。

1. 土家族

土家族过年比汉族提前一天，称为过"赶年"。土家族过"赶年"，有一种特别的习俗。把猪杀死后，放在门后用蓑衣盖起来，一人持刀在门角静静地站着，并不停地向外窥探。此时，若有人从门口经过，持刀人立即出门追赶，不管跑多远，一定要捉住过路人，强行拉回家中，好酒好肉招待一顿。土家族人一般都知此风俗习惯，所以一旦遇上有人持刀追过来，立刻喜上眉梢，虽然脚在不停地跑，但心早已跑到酒席上去了。如果不知土家族有此风俗的外地人，走在土家乡村的小道上，突然见一大汉持刀从门后跳出追赶自己，定会吓个半死。不要紧，当你还没有从惊恐的状态里完全清醒过来，早已被人家按在一桌丰盛酒席前面的座位上了。这种持刀请客的酒俗在世界上恐怕独一无二。

2. 普米族

普米族人在大年初一早上，先在家中做好饭菜，然后就提着黄酒到村口路上等候过客。见到行人，先敬一碗黄酒，接着就盛情相邀，请客人到家中赴宴。往往会出现数家人争邀一个客人，谁也不肯轻易相让的情形。谁能请到村中的第一位来客，是很荣耀和自豪的。若当天请不到行人，就把村寨中公认的正派人、待人接物很礼貌的人或德高望重的人请到家中做客。被请的本村贵宾要带点礼物赴宴，进门前向主人祝福。客人酒足饭饱告辞时，主人要赠送糯米粑粑、猪头肉和黄酒给客人带走。民间习俗认为，大年初一能招待客人是家业兴旺的好兆头。

3. 布依族

布依族的传统习俗，凡是风调雨顺丰收的年成，都要酿米酒，杀猪腌腊肉，到次年农历正月间，就邀请亲友到家来欢庆丰年，喝酒唱歌，名曰"丰收酒"。这一天主人家早早起床，准备好各种佳肴，等待客人的到来。客人陆续到来后，便被请到火塘边，大家围坐在一起，同时欢乐地唱起"客气歌"："米酒绿中央，开缸十里香，下河洗坛子，醉倒老龙王。"就这样，主客互相祝贺歌唱，直到散席。大家拱手道别，并相邀来年到自家喝"丰收酒"。

4. 苗族

苗族人们过苗年时，初一清早各户在鞭炮声中与亲戚围着火塘吃团年饭。早饭后便各家轮流请酒，不论谁家的客人，都会被各家请去欢聚一番。

5. 门巴族

门巴族在藏历十一月初一过小年。初二，各家各户要请客，席间多有敬酒祝福。年节的夜晚，全村人集聚在广场上，点起篝火，唱"萨玛"酒歌和"加鲁"情歌，同时畅饮节前早就酿好的青稞酒、米酒、玉米酒和鸡爪谷酒。

6. 侗族

侗族人在重大的节日里，相邻的各村寨常常通过畅饮高歌来表达深厚情谊。有合拢酒、三朝酒、节日酒、庆典酒等。其中合拢酒是侗家人接待贵宾的一种最高规格的酒宴，是在村寨或家族举行盛大的庆典活动时，邀请上级贵宾和四邻来宾参加的。村寨举办的合拢宴酒，一般在团寨的鼓楼里摆设，家族举办的一般须在比较宽敞的农户家的走廊里进行。酒席的摆设叫"拉长桌"。把十张八张方桌连在一起摆成一长溜儿，也有的用宽木板一块连一块摆设。合拢宴酒的酒、饭、菜都是村寨中各家各户把自家最好的米酒、苔酒、糯米饭或糍粑、腌肉、腌鱼、酸菜或小炒，用竹篮或箩筐挑来，凑到一块共同摆设的，可以说是百家酒、百家饭、百家菜，各领风骚。

7. 凉山彝族

凉山彝族过年三天，每天都有活动，每项活动都有酒：第一天吃年饭，要杀猪、备菜和祭祀，各家吃年饭；在年节的第二天，全村寨的男人们自动集结成队伍，挨家挨户去搜酒喝，队伍中的人越来越少，因为烂醉如泥者不得不落伍退出。过年搜酒，队伍走到哪儿喝到哪儿唱到哪儿，为村寨的年节增添了许多欢乐和热闹的气氛；第三天拜年。在去拜年的路上碰到相识的人，要打开酒瓶请他喝"开口酒"，他喝了酒后要给点回礼，并要赞美一番拜年者所背的猪肉等礼物才能告别。晚辈去给长辈拜年，要到处叫喊村寨的人来喝拜年酒；小伙子到未婚妻家拜年，那里的姑娘们要联合起来与小伙对歌唱诗饮酒，小伙子若没这方面的本事就会被抹上锅底灰或浇泼冷水，闹得又狼狈又高兴；姑娘来拜年，主人寨子的小伙子们又争着去献殷勤，凑热闹。年节的彝寨，充满欢笑，充满歌声，到处飘着酒香。

8. 羌族

羌族人过年必有聚饮"咂酒"和跳沙朗（锅庄舞）的活动。咂酒，是羌族人民十分喜欢的一种自酿酒，是农历十月初一，"羌历年"时必不可少的佳酿。咂酒以青稞、大麦为原料，煮熟后拌上酒曲放入坛内，以草覆盖酿成。饮时，用一管状物插入酒坛吮吸，并边吸边在坛中注水。羌族待客咂酒至味淡后，还食酒渣，俗称"连渣带水，一醉二饱"。饮咂酒时要唱酒歌，唱时，宾主并排而坐，轮流对唱，同时鼓乐齐鸣，热闹非凡。客人在饮咂酒时，一定要喝到坛中露出青稞、大麦为止，否则会使主人不高兴，因此，一些酒量小的宾客往往喝得酩酊大醉。

9. 朝鲜族

朝鲜族在元日（春节）要喝特制的"屠苏酒"，人们认为元日喝这种酒可避邪延年，故又称"长生酒"。朝鲜族在正月十五上元节清晨要空腹喝点酒，以为如此可使人耳聪目明，一年不得耳病，常能听到喜讯，所以将此时喝的酒叫"聪耳酒"。

五十五、你知道各国酒俗吗？

世界各国皆有佳酿醉客，然而各国的酒俗又不尽相同，一个民族的历史、文化、宗教信仰及生活习惯甚至性格特色，均可从酒俗中得到反映。那么我们来看看世界各国的酒俗。

1. 希腊：微醉酒文化

希腊人无论午餐和晚餐都饮酒，并且喜欢喝酒至深夜。希腊最有名的酒叫"乌佐"，42°，"乌佐"的味道有一些甘草香味，喝之前要放一些冰块，然后轻轻晃动几下，透明的液体就会变白，看上去非常柔和，喝起来味道也不错。希腊人通常是去餐馆和酒吧喝酒，他们不像我们那样边吃饭边喝酒，而是单纯喝酒，最多佐以干果和橄榄，而且把喝得微醉视为一种社交风尚。

2. 意大利：嗜酒的国度

意大利大餐世界闻名，每宴必饮酒，而且一喝起来就不计较时间，往往痛饮至深夜。他们最盛行的酒是一种叫"维诺"的葡萄酒。

3. 韩国：以酒交友

在韩国，人们喝酒不用酒杯而用大碗，而且习惯一醉方休。男人喝酒不醉不叫喝酒，只有醉了才觉得尽兴、痛快。所以，在韩国的大街上常看到互相搀扶而行的大醉之人。喝酒成了社交的重要手段，成了相互较劲的方式。朋友聚会，必有这个节目。吃饭过程中，大家酒过三巡，略有醉意，然后去唱歌房，一边唱歌，一边喝酒，气氛很热烈。

4. 俄罗斯：烈酒豪饮

俄罗斯以生产伏特加著名。伏特加是烈酒，饮时令喉咙"燃烧"。俄罗斯人饮酒习惯也是大杯，而且要干杯，否则就不是真正的男人，所以一瓶酒打开后就没有机会再盖起来了。俄罗斯人在喝伏特加时，必先从喉咙里发出"咕噜"声，相传这是彼得大帝留下来的，几百年已形成传统。

5. 法国：细品慢饮

法国人饮酒喜欢细品慢饮，他们一定要把酒从舌尖慢慢滑到喉头，因为酒一落食道，再好的味道就尝不出了，所以愈是好酒愈要慢饮。法国的葡萄酒是世界闻名的。香槟是为喜庆准备的，只要遇到喜庆之日，法国人就打开香槟，共同举杯庆祝。

在美食之国的法国，饮酒素有讲究。历来有"白酒配鱼，红酒配肉"的说法。这里的白酒、红酒，是指法国的白葡萄酒、红葡萄酒，这种配法只为颜色与盘中菜相配，而且白酒不宜过冰；红酒不宜太温，这是通则。另外，酒杯也有学问，高脚杯可使手掌与酒保持距离，也就是不升高酒温。想做"酒博士"很不容易，法国有几个学校专门培养专业学生，可见法国人是享受情调的高手。

6. 英国：混合艺术

"威士忌加黑麦、燕麦、玉米……混合是一种艺术"英国人说。英国人在调酒方面令人望尘莫及。英国的酒店也很多，数以万计，在高峰时酒店会爆满，后来的人没有座位，只能买酒随便站着喝，如果连站的地方也没有了，就干脆到酒店门前的广场上席地而坐，由服务员为你服务。但英国人从不劝酒，更不灌酒，宾主喝多喝少全凭自己。

7. 日本：喝酒当成工作

日本人把喝酒当成工作，重大决定不在办公室里，而在黄汤下肚的酒店里。同时谁升谁迁，一概是要喝酒的。酒吧成了日本男人的天堂，下班后都要尽情在里面享受够了，才拖着醉态的步子回家。以这种方式饮酒的日本人是为了从工作压力中解脱出来，从中享受酒中的轻松洒脱。

8. 德国：变着戏法享受啤酒

德国有啤酒王国之称，他们喝啤酒也是世界出名的，其规矩是吃饭前先喝啤酒，再喝葡萄酒。西方人有一个说法：世界喝啤酒最多的是欧洲人，而欧洲人又首推德国人，在德国有15%的人是酒吧的常客，酒吧又是说话的地方。

9. 墨西哥：别具一格

墨西哥人也很爱喝啤酒，啤酒不但是他们的饮料也是食料。墨西哥啤酒别具一格，他们的啤酒是龙舌兰做的，呈乳胶状，而且酿好后当天就要喝掉。如果有一天你坐上飞机飞到墨西哥，饮上一大杯龙舌兰做的啤酒，将是件很开心的事。

10. 美国：偏爱浅色酒

美国人历史上也以喜欢喝烈酒著称于世，但是后来他们的饮酒习惯发生了变化，即从烈性深色酒转向非烈性浅色酒，更多人则喜欢饮啤酒、葡萄酒和果酒。美国人普遍认为：浅色酒比深色酒有益于健康。美国人饮酒的这种变化，对世界饮酒习俗有重大影响，它反映了全世界酒俗的大趋势。

五十六、米酒汤圆闹元宵

农历正月十五元宵节，又称为上元节、春灯节，是中国民俗传统节日。正月是农历的元月，古人称其为"宵"，而十五日又是一年中第一个月圆之夜，所以称正月十五为元宵节。出门赏月、燃灯放焰、喜猜灯谜、共吃汤圆，合家团聚、同庆佳节，其乐融融。闹元宵的时候，其中又以吃米酒汤圆最为广大朋友们所喜欢，因为我们吃的并不是米酒汤圆，而是一种思念。

1. 什么是米酒？

米酒，又叫酒酿、甜酒，旧时叫"醴"，用糯米酿制，是中国汉族和大多数少数民族传统的特产酒。糯米又称江米，所以米酒也叫江米酒。米酒的酿制工艺简单，口味香甜醇美，酒精含量低，因此深受人们的喜爱。

2. 如何制作米酒？

将糯米淘洗干净，用冷水泡 4 ~ 5 小时，笼屉上放干净的屉布，将米直接放在屉布上蒸熟。蒸熟的米放在干净的盆里，待温度降到 30 ~ 40℃时，按比例拌进酒曲，用勺把米稍压一下，中间挖出一洞，然后在米上面稍洒一些凉白开，盖上盖，放在 30℃ 左右的地方，经 30 小时左右即可出味。中间可打开看看，可适量再加点凉白开。糯米酒做好后为防止进一步酒化，需装瓶放入冰箱存放，随时可吃。

3. 米酒的发酵过程是什么样？

糯米的主要成分是淀粉，尤其以支链淀粉为主。将酒曲撒上后，首先根霉和酵母开始繁殖，并分泌淀粉酶，将淀粉水解成为葡萄糖。醪糟的甜味即由此得来。醪糟表面的白醭就是根霉的菌丝。随后，葡萄糖在无氧条件下发生糖酵解代谢，将葡萄糖分解成为酒精和二氧化碳。

然而在有氧条件下，葡萄糖也可被完全氧化成二氧化碳和水，已经生成的酒精也可被氧化成为醋酸。

4. 如何制作米酒汤圆？

原料：米酒半碗（带酒水和米粒），小汤圆300克（也可以自己用汤圆粉搓），蜂蜜适量。

（1）米酒和水混合，一起入锅烧开。米酒大约以1：2的比例兑水煮开。

（2）水沸腾后，加入小汤圆，煮至汤圆浮起。喜欢汤圆软一点，汤水浓稠一点的多煮一会儿。

（3）盛碗待汤圆稍凉后，加入蜂蜜即可。

（4）米酒里还可以加鸡蛋，随自己喜好。

白酒科技智能化篇

五十七、贵州白酒企业需要抱团提升科技水平

2014年1月10日上午，"基于风味导向的固态发酵白酒生产新技术及应用"项目获得国家科技进步二等奖，该项目由江南大学、贵州茅台、山西汾酒、江苏洋河共同完成。这标志着中国白酒行业首次站上了中国科技领域的最高领奖台，也表明了科技引领白酒发展的新方向。

贵州的白酒企业，很多历史悠久，文化底蕴深厚，但是科技研发力量大多薄弱，撇开茅台不说，其他的酒厂真正有实力进行研发的很少，而站在行业的角度上，白酒行业内的重大共性问题是需要诸多酒厂一起联合来研究的。贵州省政协原副主席王录生同志曾经找到我，要找到酱香白酒优于其他白酒的共性特点，要我研究下酱香白酒与食品安全及健康，当时我就谈到仅凭我一人之力，或者仅凭金沙酒业之力，是不可能做到酱香白酒共性技术研究的。后来此事又得到时任贵州省副省长谢庆生同志的批复，希望我们做好该研究。

为了落实省领导的批示，我和白酒专家贵州大学吴天祥老师一起进行了调研商讨，确立了研究"贵州酱香型白酒食品安全体系和品质评价体系建设"重大专项，该项目包含如下内容：①酱香型白酒品质微机识别系统的开发与应用；②利用指纹图谱建立酱香型白酒勾兑的快速分类标准；③酱香型白酒有益有害成分的研究；④酱香型白酒发酵生产中功能因子分析、代谢途径研究及工艺体系保障；⑤酱香型白酒中塑化剂等有害成分的迁移过程控制。贵州茅台集团习酒有限公司、贵州金沙窖酒酒业有限公司、贵州国台酒业股份有限公司、贵州珍酒酿酒有限公司等白酒企业以及贵州大学、贵州科学院等科研机构对此研究都十分感兴趣。何力副省长也几次听取了我对于酱香白酒共性技术研究的汇报。

目前我国白酒行业的基酒和成品酒的品质评定办法为理化指标和口感品尝结合的方式，随着我国白酒产业的快速发展，过去的评定办法已经不适应白酒产业的健康发展，特别是塑化剂事件暴露了我国白酒基酒管理的混乱状况，整顿基酒市场管理刻不容缓。因此，酱香白酒品质微机识别系统开发市场前景巨大。

通过研究指纹图谱建立酱香型白酒勾兑的快速分类标准，可摸索找到现代分析技术与传统经验的结合方案，易于平行推广到其他酱香型白酒企业，甚至是整个白酒行业，进而希望能引起行业内的技术革新浪潮，规范整个行业的产业化发展方向，使得我国的白酒行业稳步健康地发展！

围绕贵州白酒产业发展的实际需要，进一步研究酱香白酒有益成分及对身心的影响是非常必要的。酱香白酒要想进一步扩展市场份额，也需要打好健康白酒的牌，这一切都是需要科技研究来支撑！

传统白酒的寒冬来临，但是科技白酒的春天正在到来，贵州白酒行业需要携起手来，抱团提升科技水平，真正实现未来十年白酒看贵州的目标！

五十八、酱香型白酒生产"四化"进行时

中国酱香型白酒的生产源远流长，特别是以茅台集团为代表，生产出的酱香型白酒驰名中外。我们普遍认为"枸酱酒"是酱香型白酒的源头，《史记》记载公元前135年，汉使唐蒙献"枸酱"于汉武帝刘彻，帝饮而赞曰其"甘之美"，茅台镇酱酒自此名扬天下。可以说酱香酒生产起于秦汉、熟于唐宋、兴于明清、精于当代。

酱香型白酒经过这么长时间的发展，工艺技术都有所改进，但是基本的酿造法则还是遵循古法。历代酿酒大师们都为酱香白酒的发展做出了卓越的贡献，随着现代科技的发展，酱香型白酒生产已经在朝着"四化"方向发展，即标准化、自动化、数字化、科技化。

1. 标准化

作为我国传统行业，白酒企业在生产经营过程中标准化程度较低，经验性较强，与现代化的制造业差距较大。许多企业标准化竞争的意识不强，大多数企业还没有把标准化作为打造企业核心竞争力的工具。标准体系不健全，有的企业只重视产品标准的运用，忽视了与之配套的其他技术标准、管理标准和工作标准。

贵州酱香型白酒企业在贵州省质量技术监督局的指导下，由贵州大学、茅台集团等贵州省内主要白酒科研机构、生产企业共同讨论，历时2年7个月，于2014年1月9日发布了全国首个酱香型白酒技术标准体系，这套标准体系包括基础标准，原辅料标准，生产技术标准，产品标准，检验检测标准，包装、标识、运输、储存标准，安全环保及销售服务标准七个部分，涵盖酱香型白酒的原辅料、生产加工工艺、产品、检验、包装、储存、安全生产、环境保护以及与白酒工

业相关的工业旅游等环节，共 65 项标准，其中收集国家标准和行业标准 49 个，新制定省级地方标准 16 个。

以茅台集团、贵州国台酒业股份有限公司等为代表的企业，正在积极探索执行这套标准体系的路子。标准化就是为了缩小差异，例如国台等企业甚至提出了通过机械制曲代替人工制曲达到曲药标准化，通过机械自动化上甑烤酒使得每个窖坑产酒质量标准化，通过微机自动控制系统达到勾兑标准化，这样就使得酒的质量稳定，有利于大规模标准化生产。小作坊时代，酱香白酒的生产可以靠人为控制，但是一旦到了大工业生产时代，标准化则是产业升级的重要力量。

2. 自动化

新中国成立以来，我国就开始白酒机械化、自动化发展，虽然研究工作一直在延续，一直未见一个整体、系统规划的酿酒机械工程，研究工作始终停留在局部生产环节，也主要停留在包装生产线上，大部分酿酒工厂仍旧主要依靠人力劳动。

中国酿酒工业协会理事长王延才认为，伴随着劳动力成本的不断攀升，以及土地资源的日益紧张，能源消耗愈来愈严重，生产环境要求更加严格，中国传统白酒改变生产方式已经迫在眉睫。

米香型、豉香型白酒的酿造和蒸馏基本实现了自动化，这类型白酒通过多年的实践，加上我国机械装备水平的不断提升，以及这类型白酒企业多年不断地探索和发展，白酒酿造机械化水平得到了快速发展，以桂林三花酒为代表，机械化酿造和蒸馏水平很高，但是这类白酒是采用液态发酵工艺的生产方式，真正的纯粮固态发酵的酱香型白酒在自动化方面进展较为缓慢。

以贵州国台酒业股份有限公司为代表的酱香型白酒生产企业，2011 年起开始全面自动化创新，从粮食自动仓储，磨粮制曲到下沙制酒，再到接酒存酒，整个生产系统的新型工业化水平日趋完善。创新液压自动酒甑蒸馏、封闭式在线检测接酒、密闭管道输送存储技术；制曲车间完全达到了机械化生产，制酒过程降低了劳动强度，输酒完全管道化密闭，酒库自动上罐，勾酒达到数字化、标准化。通过近两年的生产运行，实践证明该公司的创新思路和设计是正确的、可行的，代表了中国酱香型白酒生产的发展方向，引起了行业的高度关注。

3. 数字化

茅台集团、贵州国台酒业股份有限公司（简称国台酒业或国台）等酱香型白酒生产企业已经实现了数字化可追溯系统，贵州省商务厅2014年3月分别对这些企业进行了数字化追溯体系验收。酒类生产企业电子数据记录与追溯系统对酒类的原料来源、产品生产、流向、召回等实现了有效的电子记录与快速追溯的手段与工具。系统数据链接原料来源、进货、生产、检验与发货各个环节，做到一旦发现问题，就能够根据溯源与跟踪进行有效的控制和召回。

2014年3月，国台参加的贵州省"食品安全与营养云平台"项目标志着酱香型白酒的生产质量数据进入大数据时代。食品安全与营养云平台的三个系统，分别是知识管理系统、数据收集系统和监管服务系统。这三个系统最终形成两个终端，也就是"食品安全营养网"和"食安测"手机客户端。整个就形成了"云"的概念，并形成大数据的集聚。在大数据时代，数据就是资源，通过搭建食品安全与营养云平台，数据将得到充分应用，发挥更大的作用，创造更大的效益。

以国台为代表的酱酒生产企业首创数字化中国白酒三级质量控制体系，与清华大学合作将"红外宏观指纹图谱品质控制技术"应用到生产控制，红外宏观指纹图谱三级鉴别分别为一级红外光谱、二阶导数图谱、二维相关红外光谱。三级质量控制体系既克服了感官评定容易受到评酒员身体状况、情绪及评酒环境的影响，又克服了气相色谱对复杂的酒体构成缺乏整体的反映的不足。三级质量控制体系全面把控白酒的整体品质，更好地保证了酒的质量稳定性。现在已经开发出智能品酒机器人，实现了人工品酒与智能品酒的结合，使古老的酿酒工艺从仅凭经验控制，上升到数字化的科学控制。

今后酱香型白酒数字化窖池管理模式将可能应运而生，从每个窖池投入原辅料的台账录入着手，建立窖池数字化档案，利用电磁阀、可控硅继电器、计量泵、流程控制系统，建立微机终端系统，确立生产过程的真实数据，给物料配置建立准确的管理，为中国酱香白酒业创建科学的管理措施。

4. 科技化

贵州茅台集团在生产的科技化方面走在前列，从2006年在全国率先与贵州省政府联建的"贵州茅台科技联合基金"，到先后承担国家"典型工业园区清洁生产与循环经济关键技术及示范——高品质白酒清洁酿造与工农产业链接关键技术及示范"等一大批国家和省级重大科技项目，茅台集团不仅为中国白酒事业的发展做出了贡献，也在很大程度上提高了中国白酒产业的科技水平。

2012 年 2 月，高举科技大旗的茅台集团隆重召开科学技术大会——这是茅台国营 60 年来首次召开集团科技大会，也是国内首次召开的酒类企业科技大会，足以成为中国酒企科技发展的新开端，将进一步引领中国白酒走进科技创新和发展的新纪元。

五十九、中国酱香白酒企业科技创新之"十年轮转"

酱香白酒有着千年的传统工艺，一代一代的酱酒人都在遵从传统工艺的延续，但是科技创新也一直都在不断地进行着，现在几个知名的大型酱香白酒生产企业，基本上都与科技创新有着密不可分的联系，甚至出现了贵州珍酒酿酒有限公司（简称珍酒）这样因为科技项目而生的酱酒企业。从历史发展来看，1975 ~ 1985 年的十年之间，是中国酱香白酒科技发展的"黄金十年"，之后除了茅台能够保持科技创新的连续性，大多数酒厂进入缓慢期。而 2012 年开始，随着国家政策调整，白酒行业销售遭遇寒冬，中国酱香白酒逆势而上，又开始进入了科技发展的快车道，2012 年以茅台集团科技大会为信号，酱香白酒科技新的"白金十年"开始到来。近年来酱香白酒企业的科技创新已经给中国传统酱酒自动化生产的发展方向探明了一条可行的路子，昭示着中国酱香白酒更加美好的明天。

1. 茅台篇

从 20 世纪 50 年代末开始，科研人员就对茅台酒进行了大量科学研究，并取得多项科研成果。近年来，他们运用高科技手段获得了茅台酒的纳米图像，对茅台酒的研究已形成从生物工程、化学、纳米科技、医学等多方面齐头并进的态势。1998 年，茅台成立了我国白酒行业唯一的国家级企业技术中心，同时建立我国第一个具有白酒行业特色的资源菌种库。2004 年 11 月，茅台斥资 1000 万元建立"国酒茅台自然科学研究基金"，激励全球范围内的科研人员对贵州茅台酒进行科研，从 2006 年在全国率先与省科技厅联建的"贵州茅台科技联合基金"，到先后承担国家"典型工业园区清洁生产与循环经济关键技术及示范——高品质白酒清洁酿造与工农产业链接关键技术及示范"等一大批国家和省级重大科技项目，为贵州省白酒产业的技术创新与进步做出了积极贡献。

2. 习酒篇

1981 年贵州省科学技术委员会（简称科委）为了发挥酱香型白酒的优势，扩大酒类产品的市场竞争力，把试制酱香型白酒的科研任务下达给习水酒厂，拨试制经费 3 万元，经过 18 个月的研制，1983 年 4 月试制成功，经省级科技鉴定合格，命名为"习酒"，投入批量生产，1984 年国庆投放市场。2007 年，贵州茅台酒厂（集团）习酒有限责任公司（简称习酒公司）技术攻关课题《提高习水大曲待装酒合格率》获国优质量控制（QC）成果奖；2011 年，技术中心参与完成《习酒窖藏 1988 新产品产业化集成技术研究与应用》，获中国食品工业协会科技进步二等奖；2012 年，技术中心牵头成立的技术攻关 QC 小组，因成功完成《提高酱香型轮次酒入库合格率》的技术攻关，被中国质量协会等命名为 2012 年全国优秀质量管理小组。目前，技术中心正在申报国家许可实验室（CNAS 认证）。同时，勾调工艺和酒体风味研究正在开展，基酒、半成品酒、成品酒数据库和酒质评价系统正在进行，与贵州省质量检测院合作的《白酒中几种风险因素的监测及风险评价研究》项目也正在实施。

3. 郎酒篇

1992 年，39° 低度郎酒生产工艺研究项目获国内贸易部科技进步三等奖，改进了传统大曲酱香制曲技艺，研制生产出超高温大曲，制订了高温堆积的时间和糟醅入窖的标准，使生产出的原酒质量更加稳定，适当延长发酵期，提高了原酒的感官质量和部分骨架成分的含量，生产多种特殊调味酒。可弥补低度郎酒在酱香风格上的不足。2007 年，红花郎酒生产工艺研究及应用荣获四川省科技进步一等奖，平均出酒率较传统生产工艺提高了 4.38 个百分点，其中优质品率增长了 5.88 个百分点。吨酒耗粮下降了 320 千克，年降低粮耗 3200 吨以上。创立和完善了高温堆积糖化标准等十项企业内控标准，企业按标准化生产，保证和提高了酒体质量。2010 年，中国酿酒工业协会认定郎酒红花郎酒为"中国白酒酱香型代表"，认定郎酒新郎酒为"中国浓酱兼香型白酒代表"。2011 年，新郎酒荣获中国酿酒工业协会颁发的"中国白酒技术创新典范产品"荣誉称号。

4. 国台篇

国台建厂以来一直力行科技创新，首创数字化中国白酒三级质量控制体系，全面把控白酒的整体品质，更好地保证了酒的质量稳定性。并开发智能品酒机器人，实现了人工品酒与智能品酒的结合，使古老的酿酒工艺从仅凭经验控制，上升到数字化的科学控制。2011 年起开始全面自动化创新，从粮食自动仓储，磨粮制曲到下沙制酒，再到接酒存酒，整个生产系统的新型工业化水平日趋完善。截至 2013 年底，在研及结题科研项目"强化大曲生产性应用研究""酱香型黄水的研究"和"红外光谱技术在糯高粱与糟醅的品质鉴定中的应用"等二十余项。

5. 金沙篇

贵州金沙窖酒酒业有限公司经过近几年的超常规发展，酱酒产能大跨越，曾经引进了高学历人才组建科技研发队伍，并在 2011 年 11 月，金沙回沙酒系列产品获得"纯粮固态发酵白酒"标志认证，公司技术中心被认定为"省级企业技术中心"，2012 年与贵州大学联合开展了"金沙回沙酒酒醅中酵母菌的分离筛选和应用"等项目研究，并自行立项部分科研项目，如"在回沙酒大曲生产中使用集散温控系统"和"金沙回沙酒发酵影响因素研究"，对金沙回沙酒的工艺技术进行了研究，开始迈向科技化时代。

6. 珍酒篇

1974 年 12 月 9 日，根据贵州省科委和贵州省轻工业厅 1974 年 8 月 29 日文件精神，遵义市革命委员会下达了《关于新建"茅台酒易地试验厂"的通知》，决定于遵义市北郊十字铺建立"贵州茅台酒易地试验厂"，正式开展"易地茅台"试验工作。1975 年 10 月，贵州茅台酒易地试验厂正式投料进行探索性生产。同年，中国科学院科技办公室将"茅台酒易地生产试验"定名为"贵州茅台酒易地生产试验（中试）"，列为国家重点科技项目，并由方毅副总理亲自组织国家科委、轻工部、茅台酒厂技术专家组成"茅台酒易地试制"攻关小组，同时成立"贵州茅台酒易地试验厂"，选址于同处赤水河流域的革命圣地遵义市郊。除了从茅台酒厂选派专家外，其技术人员、生产骨干也是从茅台酒厂精选而来。1985 年项目验收通过，并根据方毅同志题词，试制茅台酒定名为"珍酒"，厂名更改为"贵州珍酒厂"。2012 年 10 月，贵州珍酒酿酒有限公司重新开始与贵州大学酿酒与食品工业学院共同进行产学研合作研究项目——"贵州珍酒酿酒有限公司微生物生态、酿造微生物分离纯化及功能微生物筛选研究项目"。

7. 贵酒篇

贵阳酒厂在研究茅台酒传统工艺基础上，与贵州省轻工科研所合作，从茅台大曲和生产车间中分离得到数十株产香微生物菌种，从中优选出几株产酱香明显的嗜热芽孢杆菌，配合其他麸曲酵母一起于 1976 年开始做扩大试验，于 1981 年在国内首次成功开发麸曲酱香型白酒——黔春酒，并于该年底通过了省级鉴定，"黔春酒"（酱香型）获国家优质酒称号。由于麸曲酱香型白酒具有出酒率高、发酵期和储存期短、资金周转快、当年推广当年受益等优点，省内外各酒厂争相推广这一科技成果。2012 年，贵州贵酒有限责任公司又联合茅台集团开展了"贵州酱香型白酒品质提升与丢糟综合利用"项目，着眼于酱香白酒的丢糟循环综合利用，解决白酒废弃物的处理，并从分子生物学等方面进行理论探索。

六十、又是一年下沙时，传统与现代的完美结合

2014 年 10 月 23 日，贵州国台酒业股份有限公司投粮下沙。传统的茅台镇酒厂所谓的"下沙"，其实是准备一年烤酒所需的基本酒醅。重阳之时，人们会将高粱打碎到一定的粗细规格，然后，用沸水与"沙"充分拌匀，让"沙"吃水，使"沙"上甑蒸时，能够较容易熟透，是为"润粮"。在进行"润粮"时，还要按照一定比例投入、搅拌曲母，当水分、曲母达到酿酒要求，就把"沙"堆积成一个小山包，进行发酵。至此，从操作程序的层面而言，重阳下沙就初告完成。

在人工润粮下沙的过程中，红粮拉进车间，下粮、拆包、加水、润粮、翻粮，随着铁铲的摩擦声与工人"快点、快点"的喊声，热火朝天的场景让人振奋不已。茅台镇民谣《九酒歌》中说的"九月九，是重阳，重阳酿酒香满江。九月九，下河挑水煮新酒"，恰好是这一千年传统的很好描述。

2014 年 10 月 27 日，贵州国台酒庄公司投粮下沙。在下沙现场，机械润粮的设备，完全取代了人工润粮，整个下沙现场看不到密集的劳作人员，取而代之的是有序的设备操作人员。在润粮水温控制，搅拌均匀度上均达到了标准化，既保留了润粮的传统工艺参数，又提升了润粮的效率，减少了人工。而由机械

制曲车间产出的曲块，经过了 6 个月的存放，完全达到了人工大曲的指标，曲药香味浓郁，运用于整个国台酒庄的生产之中。

六十一、中国白酒科技创新之路，消费者说了算！

最近经常听到很多朋友在说，白酒没有科技，白酒就是越土越好。还有朋友说，白酒技术创新是专家们的事情，和我们消费者没有关系。长期以来，这两种思潮一直在白酒行业里面流动，实际上我觉得白酒不仅仅有科技，而且白酒科技创新必须与消费者紧密联系起来。

1. 中国白酒有没有科学技术？

"酒有什么技术，酒就是这么做的，老祖宗就是这么做的，如果企业经营者都是这么认为白酒的话，我认为这个行业不是说现在面临的困难，今后面临的困难还要大，有没有这个行业都很难说，这不是危言耸听。"江南大学副校长、中国酒业协会副理事长徐岩表示，微生物是大家既熟悉又陌生的世界，说熟悉，我们只知道它对人体健康和生命活动扮演着重要角色。说陌生，行业对微生物的深层了解却不多。行业对微生物的科学研究太缺乏了，缺的课太多了，我们对白酒微生物的功能认识，滞后于产业和消费的发展，从现象到本质的认识才刚刚开始。如果说行业过去对微生物了解甚少，限于科技知识还不发达，而在科技发达的今天，如果再也不能够对它有很好的认识，徐岩认为白酒就要面临淘汰的危险。

2. 中国白酒科技创新谁说了算？

以钟杰老师为代表的等专家们认为，企业运营活动从内部延伸到消费者，将原来白酒企业零碎的沟通传播工作集成，利用技术手段在二者间搭建物质流和信息流交换的媒介，将传统模式的单向物质流扩展为双向的物质流和信息流。依托于信息技术的企业技术营销运营活动中，紧紧围绕酿造技艺、白酒品鉴文化等白酒知识的传播，进行消费者的教育活动，提高白酒消费者水平。同时，企业通过沟通渠道获取消费者需求，指导企业新品的研发。白酒行业现在面临的很多问题是由技术与市场的脱节引起。白酒行业的思想不能保守，不能死死地抱着过去的观点解决现有情形下的问题，而要以技术的营销、品质的诉求来实现动销，找到新的增长点，做深入消费者内心的真正意义上的"民酒"。传统酒体设计工作主要重在企业内部产品形成的各环节，这是一个相对封闭的系统，容易陷入"闭门造车"，"用勾调师个人或团队的滋味喜好代替大众喜好"，"我生产什么，消费者就要喝什么"，这种违背市场规律的技术思路严重背离当前形势。当下的酒体设计应站在更高的视角把产品研发视为一个企业能力与市场需求相互匹配的系统工程，这是与传统酒体设计的本质区别。大众酒的酒体研发工作，应从"自上而下"的传统思路转变为"自下而上"，并真正做到以市场为导向，消费者关注，区域口感细分的创新产品设计。

除了酒体创新，包括酿造、检测等一系列环节在内的白酒技术体系，都应该实现以市场为导向、消费者为导向，消费者关注什么我们就研究什么，不要做出来的科技成果都高大上，却没有市场。

3. 中国白酒科技界，你知道狼来了吗?

就在国人还沉浸在中国白酒的悠久历史愉悦中，宣传古法酿造，千年工艺的同时，国外资本早就开始觊觎中国白酒这块肥肉了。

国家发改委近日会同商务部等部门对《外商投资产业指导目录（2011 年修订）》进行了修订，形成《目录》修订稿，于 2014 年 11 月 4 日至 12 月 3 日期间向社会公开征求意见。此次修订中，中方控股的条目数从 44 条减少到了 32 条。其中"名优白酒需由中方控股"一条被取消，被多数业内人士解读为利好。白酒专家晋育锋认为，国有资本从一般竞争领域退出是大势所趋，而白酒行业早已处于完全竞争状态。外来投资改变的不仅是产业格局，更能通过产业升级和竞争优化，让更多的消费者获益。

在花费 30 亿元收购了水井坊之后，国际酒业巨头帝亚吉欧正在这家公司内部推进一个代号"白龙"的神秘计划。根据"白龙"计划的部署，水井坊的产品生产过程中的一切都会被纳入数据化管理。系统会借助安装在生产一线窖池等地的上千个高精度传感器测量、采集酿造环节的各种数据，包括温度变化、发酵时间、各种成分的理化指标变化值等，然后传输到两台具有丰富数据处理能力的高端服务器进行分析。"每个环节都会全面信息化，一切都将有据可循"。这意味着帝亚吉欧会了解到所有的秘密——破解白酒酿造工艺是目的之一。

中国白酒科技界，狼真的来了!

4. 技术圈要做好两个培训：接班人的培训和消费者的培训

（1）接班人的培训 白酒技术圈的人才断档十分严重，特别是青年技术人才的缺失，青年科技人才处于创造力最旺盛的时期。他们朝气蓬勃，对技术科研工作有很大热情。但由于知识积累不足、影响力和知名度不够等原因，青年科技人才难以获得相关的政策支持，很难获得相应的科技资源。这不利于调动青年科技人才的积极性，影响白酒行业整体科技创新步伐。对于处于成长期的青年白酒科技人才，应侧重考察其科研潜力，不应过多强调出成果的数量；对有特殊专长、特殊贡献人员的评价，应敢于打破学历、资历、职称、身份的限制，同时适当延长考核周期，让他们从科研报表和报告中解放出来，集中精力投入科研活动。

（2）消费者的培训 钟杰老师等认为"给懂酒的人酿好酒，给好酒找懂酒的人"。这轮调整就是要培育懂中国白酒的消费大众，否则，中国白酒的消费难以为继。目前，新的消费群体正在成长，酒业发展任重道远。我们应切实变革白酒传播方式，更多地将白酒文化及蕴含的精神和饮酒的人文关怀融入白酒这一滋味丰富而又回味无穷的文化载体中。不论技术创新做得再好，白酒文化再怎么精深，若消费者对白酒的识别力低级，那么白酒带给消费者的感受也仅仅是低级的感官刺激。"白酒消费的是优美滋味"，这点要清晰地告诉消费者并提高其消费水平。让消费者了解白酒的品质内涵，把白酒说清楚讲明白，让消费者"明白喝酒，喝明白的酒"。让白酒行业不再远离市场和消费者，让消费者真切感受到实实在在的白酒文化滋养。

5. 中国白酒科技创新的"四化"发展趋势

实际上中国白酒企业正在朝着"标准化、自动化、数字化、科技化"的"四化"创新发展。例如某些企业正在实施节能环保创新，突破土地瓶颈，利用地理落差势能，把传统的"一层式、半边酿酒、半边摊晾"的酿酒车间设计为立体式排架结构厂房，现代标准化的水处理中心、立体式的谷壳房、集中泥池中心、筒形粮仓，真正地做到了以较少土地资源消耗支撑了更大规模的经济增长。

中国白酒不仅仅有科技，而且正在实现"四化"发展，这不仅是一场传统白酒的新技术革命，更是一次白酒的新文化运动。白酒的现代化必须在遵循中国白酒传统理论精髓和实践自身特色的基础上，吸收和借鉴一切生物、化学、食品、历史、文化发展的成果和现代高科技手段，多学科融合、多技术结合，形成具有时代特色的中国白酒理论体系，为中国白酒研究开发提供坚实的理论基础；在促进传统中国白酒技术进步与科技创新的同时，突出体现其自然科学与人文科学相结合的独特文化内涵。白酒的科技创新最终必须与消费者紧密联系起来，消费者将推动白酒行业科技向前发展！

六十二、酱香型白酒的稳定性同位素溯源体系研究

2013 年我与中科院地球化学研究所共同主持了一个关于酱香型白酒的稳定性同位素溯源体系研究的重大科技项目。溯源技术是食品安全监管，防止贸易欺诈，保护公平交易的重要手段，是重建消费者食品安全信心的重要措施，是保障"问题食品"快速、有效召回的基础。《中华人民共和国食品安全法》和《中华人民共和国农产品质量安全法》要求建立食品追溯体系。食品追溯体系溯源技术主要分为两大类：一是电子编码信息技术，消费者通过包装上电子信息载体识别食品的产地来源。根据电子信息载体的不同，将电子信息编码技术主要分为条形码技术和 RFID（Radio Frequency Identification Devices，即无线射频识别技术）技术。二是综合溯源性技术，主要有矿物元素分析技术、稳定同位素技术和有机成分分析技术，以及生物方法如虹膜特征技术和 DNA 溯源技术。这些技术以检测食品本身的成分作为主要手段，利用统计分析技术处理数据，从而可以获得食品的加工、产地来源等信息。我们主要进行的是综合溯源性技术，且以稳定同位素技术及其他成分分析技术中用气相色谱 – 飞行时间质谱技术得到的有机风味特征物质化学成分分析为主，结合我们已初步建立的矿物元素分析技术，用统计分析技术处理数据进行综合溯源。

1. 研究背景及国内外技术现状

稳定性同位素是生物体（包括食品）的一种自然指纹。自然界中，生物体的大多数化学元素都存在着多种稳定的同位素。同种元素的各种同位素由于质量或自旋核效应不同，其在一定程度上会引起元素的物理化学性质发生变化，称为同位素效应。同位素进行溯源主要是基于同位素的自然分馏效应。由于生物体在与外界环境进行物质交换时会受到气候、环境、生物代谢类型等因素的

影响，导致其体内的同位素组成发生自然分馏效应，致使不同来源的生物体中同位素自然丰度存在差异，这种差异携带着环境因子的信息，能够反映生物体所处的环境，可为食品产地溯源提供一种独立、可靠的特征指纹信息，用于判断食品的产地来源，以及鉴定食品标签声明的真实性。

食品产地溯源中，C、N、H、O、S 和 Sr 是几种常用的同位素。不同的同位素组成受环境因素（地形、气候、土壤）的影响而发生不同的分馏作用，可反映不同的地域和膳食信息。

从 20 世纪 80 年代开始，以 C、N、O、H 等轻同位素为主的同位素指纹分析已广泛应用于食品原料如饮料、葡萄酒、乳品等的溯源和鉴别工作。美国学者 Wllite.J.W 首次提出了采用稳定同位素比值分析法检验蜂蜜的真假，他研究发现几乎所有的蜜源植物属于 C3 植物，其 $\delta^{13}C$ 值大约在 −30‰ ~ −22‰ 之间，自然界中在这个范围之外的蜜源植物寥寥无几。Wllite 分析了 500 多个来自不同国家和地区的纯正天然蜂蜜样品，也分析了大量人工制备的掺有不同比例高果糖玉米糖浆的蜂蜜样品。通过对这些蜂蜜样品测试结果的分析统计，得出的结论是：$\delta^{13}C$ 值小于 −23.5‰ 的蜂蜜是没有掺假的纯正蜂蜜，$\delta^{13}C$ 值大于 −21.5‰ 的蜂蜜，假蜜的概率为 99.996%。Sieper 等提出了对同一样品中 C、H、N、S 同位素进行同时测定的分析系统，对水、果汁、奶酪及酒中乙醇进行了测定，并统计分析，极大地缩短了分析时间，结果满意。由于仅依靠同位素分析只能大致划分产区，并不能实现产区的准确溯源，Gremaud 等将同位素比值、元素含量和化学成分含量 3 种变量结合，采用线性判别分析实现了瑞士国内相距较近的产区间的判别。

国内在稳定同位素溯源方面的研究较少，尚未见以有机风味特征物质化学组分结合 C、H、N、S 同位素、矿物元素及相应主要生产原料相关指标一起，并结合化学统计方法进行酱香型白酒风味特征组成及溯源的相关研究。

2. 研究目标与内容

本项目的主要目标是分析酱香型白酒的风味物质特征组分及特征生物标识物的 C、H、N、S 及 Sr 等同位素，并结合酒中常微量元素以及生产中主要生产原料水、高粱、小麦等的相关成分进行分析，并进行多变量统计分析下的溯源研究，确定酱香型白酒的主体风味物质特征及可追溯性拟定关键组分、特征生物标识物及相应指标、规范或标准，以更有利于其产品质量提升与控制以致产量提高，对其质量安全体系建设、打假、品牌建设以及以茅台为代表的酱香型白酒的风味特征组分的确定做出贡献。

项目主要研究内容如下：用气相色谱－飞行时间质谱（GC-TOFMS）等相关技术，如顶空进样、液液萃取、固相微萃取等，对酱香系列产品的风味物质特征化学组分结合相关标准物质进行分离及定性定量分析，在此基础下，结合已有研究报道及相关资料，计算酱香型白酒产品中各组分的 OAV（odor activity value）值，OAV 高的物质确定为其特征关键香气组分，并通过感官试验验证结论。将其中组分分类成酯类、酸类、羰基化合物、醇类、杂环类等物质，通过主成分分析探寻组分与香型之间的关联。鉴于其他香型白酒的主体特征风味组分都已明确，将选择与 1 ~ 2 种其他传统香型，如浓香或清香型白酒进行比较研究，探寻香型与香型间组分的关联，同时也是对相关技术方案、路线及实验手段的实验印证。

在酱香风味特征关键香气组分基础上，应用连续流稳定同位素质谱进行酱香型白酒产品 C、N、H、S 稳定同位素比值及 Sr 表面热电离质谱同位素比值测定，风味特征关键香气组分单分子的 C、N、H 同位素比值测定，以及主要原料水、高粱、小麦等的 C、N、H、S 及 Sr 稳定同位素比值分析测定。

对酱香型白酒产品应用 AAS（原子吸收光谱）、ICP-MS（电感耦合等离子体质谱）、ICP-AES（电感耦合等离子体原子发射光谱）等进行常微量矿物元素分析测定，同时对主要原料（水、高粱、小麦等）进行相关常微量矿物元素分析测定。

从三个层次对上述数据进行主成分分析、聚类分析和判别分析等在内的多变量统计分析，建立溯源技术体系。

3. 研究的经济与社会价值

白酒是贵州省的主要经济支柱产业之一，以茅台酒为代表的酱香型白酒是目前国内销售增长最快的白酒，也是假制仿冒最多的白酒，严重扰乱了市场秩序，对消费者的健康和消费心理也产生了严重影响，进而影响相关企业的生产和品牌建设，制约其进一步发展。本研究对酱香型白酒的主体风味物质特征及可追溯性拟定关键组分、规范或标准指标，有利于产品质量提升与控制，对质量安全体系建设、打假、品牌建设以及以茅台为代表的酱香型白酒的风味特征组分的确定做出贡献。

六十三、酱香型白酒研究与生产中的前沿科技（微生物篇）

本文将从微生物学、分子生物学等多个技术领域出发阐述现代科技在酱香型白酒研究与生产中的应用。同时，也对酱香型白酒未来的科学研究和技术发展热点进行了一定探讨，希望为酱香型白酒的科技发展与创新提供理论参考和科研思路。

1. 微生物学技术

白酒酿造实际上是不同微生物代谢的复杂过程，要弄清白酒的发酵本质，就必须从微生物着手来进行研究。微生物学技术是促进酱香型白酒发展及质量提高的重要技术措施之一。目前，微生物学技术在酱香型白酒中的应用主要涉及以下几方面。

（1）酿造微生物的分离与鉴定　酱香型白酒独特的酿造工艺形成了其特殊的微生物区系。对酿造过程中微生物进行分离、纯化、鉴定，有助于揭示酱香型白酒发酵机理。从 20 世纪 50 年代起，我国科研人员就开始了这方面的工作。1959～1965 年期间，相关专家组就从茅台大曲和酒醅中分离并保藏了 70 种微生物菌株。1982 年，研究人员又在茅台大曲中分离微生物菌株 95 种。其中，细菌 47 株（多属于芽孢杆菌属）、霉菌 29 株和酵母菌 19 株。随后，茅台技术中心对茅台地域环境、制曲发酵、堆积发酵过程中的微生物进行了研究。到 2006 年，茅台技术中心已分离并保藏微生物 329 种。其中，从酒醅中分离微生物 85 种（细菌 41 种、酵母 28 种、霉菌 16 种）；制曲发酵过程中分离得到微生物 97 种（细菌 40 种、酵母 18 种、霉菌 35 种、放线菌 4 种）；从地域环境中分离得到微生物 147 种（细菌 53 种、酵母 11 种、霉菌 49 种、放线菌 34 种）。2007 年，杨代永等对不同季节、不同地点制曲发酵过程中的微生物进行了选择性分离培养。通过形态鉴定和生理生化特性测定，得到高温大曲发酵过程中的主要微生物，共分离出 98 种微生物（霉菌 51 种、细菌 41 种、酵母 6 种）。

2008 年，武晋海等对太空搭载茅台酒大曲中耐高温霉菌进行分离纯化，得到了 3 株在 50℃以上可旺盛生长的霉菌，分别归属为孔球孢属和犁头霉属。2011 年，杨涛等从高温大曲中分离得 5 株嗜热芽孢杆菌，经鉴定分别归属于地衣芽孢杆菌、枯草芽孢杆菌、短小芽孢杆菌、解淀粉芽孢杆菌及巨大芽孢杆菌。又从高温堆积酒醅中分离获得 3 株酵母菌，分别归属于白色球拟酵母、异常汉逊酵母、产朊假丝酵母。2012 年，刘雯雯等在黑龙江北大仓酱香型白酒酒醅样本内分离到 328 株霉菌，鉴定为 13 属 23 种；包括子囊菌 3 种、接合菌 1 种和有丝分裂孢子真菌 19 种。

（2）酿造微生物类群和数量结构研究　了解白酒生产过程中微生物类群和数量结构及变化，有利于了解发酵机理和物质代谢过程，对指导白酒的发酵生产和提升白酒品质有十分重要的意义。1981 年，崔福来等考察了酱香型武陵酒酒醅及大曲在发酵过程中微生物种类及其消长情况。发现武陵酒酒醅在堆积和入池白酒发酵过程中，酵母和细菌占绝对优势。大曲培养过程中，细菌占绝对优势，其次是放线菌，霉菌最少。酵母菌在大曲培养初期继续生长繁殖，但后来随曲温上升而逐渐消失。1992 年，李佑红等对浓香型与酱香型酒曲的细菌区系构成进行了比较研究，发现以细菌总数而言，一般浓香型酒曲的细菌总数多于酱香型酒曲；而以芽孢细菌数而言，一般酱香型酒曲多于浓香型酒曲。酱香型酒曲菌群构成以高温嗜热菌为主，浓香型酒曲菌群则以常温菌为主。1999 年，周恒刚研究了酱香型白酒生产的堆积过程中微生物消长情况。发现堆积终了时，菌数大量增加，种类也有明显增加。从不同轮次的堆积上看，生沙时菌数少，糙沙时酵母菌数猛增。堆积中酵母菌数随轮次不断下降。2007 年，唐玉明等研究了酱香型酒糟醅堆积过程中微生物区系的变化动态。发现堆积过程中糟醅的酵母菌类和非芽孢细菌类数量有较大幅度增长，芽孢细菌类仅略有增长，而霉菌类数量极少且呈下降趋势，未发现放线菌类生长。堆积终了时，酵母和细菌数量约占总数的 95% 以上，表层酵母菌占总数的 70% 以上，细菌占总数的 10% ~ 25%。同年，杨代永等发现在茅台高温大曲制曲发酵过程中微生物呈现出不同的消长规律。前期以细菌为主，中后期霉菌大幅度增多，在前期和后期酵母偶有发现。发酵过程中的微生物总数以细菌最多，高达 $2.1 \times 10^{7} CFU/g$ 曲；霉菌次之，为 $6.4 \times 10^{6} CFU/g$ 曲；酵母最少，仅有 $6.6 \times 10^{4} CFU/g$ 曲。2008 年，Wang Chang-lu 等考察了酱香型大曲中的微生物群落的组成。结果表明，大曲中存在细菌、霉菌和酵母菌。细菌类包含芽孢杆菌、醋酸菌、乳酸菌，其中芽孢杆菌为优势菌。霉菌包含曲霉、毛霉、根霉、木霉。酵母菌类包含酵母菌属、汉逊酵母属、假丝酵母属、毕赤酵母属和有孢圆酵母属。同时还检测了茅台大曲不同层次之间及发酵过程中微生物菌群的动态变化。从大曲层次来看，好氧性细菌多分布在大曲表面和边缘，嗜温性细菌多存在于曲心。大曲发酵前5天，细菌、酵母、霉菌的数量均显著增加，从第10天开始下降。酵母菌数在第10天达到最大值，为5.83×10^5CFU/g，随后被霉菌取代，霉菌成为发酵中后期的优势菌群。陈林等考察了武陵酱香型白酒酒曲及发酵酒醅、窖泥中微生物群落结构。结果表明，微生物总量大小依次为：酒曲＞堆积酒醅＞发酵酒醅。发酵酒醅各阶层微生物总量依次为：酵底泥＞上层酒醅＞中层酒醅＞下层酒醅；上层酒醅中酵母＞真菌＞细菌；中层酒醅中细菌＞真菌＞酵母；下层酒醅中酵母含量最低，细菌和真菌数量基本一致。2013年，杜新勇等考察了北方酱香型白酒生产过程微生物及温度变化规律。堆积过程中酒醅中微生物数量增长较快，酵母富集能力要比细菌强，同一位置酵母数量一般多于细菌。入窖后，细菌的数量反而比酵母略多，在入窖发酵过程中细菌和酵母的数量都是在减少的，前10天微生物数量减少的幅度较大，10天以后减少幅度变小。

（3）功能菌研究　酿造过程中功能菌的研究，不仅有助于揭示酱香型白酒酱香风味的形成机制，同时也可为改良生产工艺、提高酒体品质提供一定的依据和思路。20世纪80年代，研究人员就从茅台微生物中分离出了产酱香较好的6株细菌和7株酵母菌，并试制推广了麸曲酱香白酒。1997年，李贤柏等从郎酒高温大曲分离的28株微生物中筛选出了产酱香较好的4株芽孢杆菌，经鉴定均属枯草芽孢杆菌群。2001～2003年，茅台技术中心从酒醅中分离得到微生物85种，其中至少有3种芽孢杆菌、2种酵母是产香和产酒的主要功能菌株，它们对茅台酒制酒发酵过程中乙醇、1,2-丙二醇、丙三醇等76种香气香味成分的形成有重要作用。2002年，赵希玉等将从茅台酒酿造微生物中分离出的6株产酱香细菌制作强化大曲，提高了高温大曲质量，经发酵所产生的酒也好于不添加功能菌大曲酿出的酒。此法弥补了一些北方微生物群系不足的缺陷，为北方酱香酒生产提供了可试验的依据。2003年，庄名杨等从酱香型白酒高温堆积糟醅中分离得数十株耐温、耐酸酵母菌株，其中Y1、Y5-1、Y5-2、Y6-1为主要功能菌，可影响酱香酒的质量。同年，庄名杨等又从酱香高温大曲中分离出 3 类细菌（B1、B3、CH），其中只有 B3 类菌株产生酱香，因此确认 B3 类菌株为主要功能菌，归属于地衣芽孢杆菌。2007 年，马荣山等从麸曲酱香型白酒酒醅中分离出 5 株酶活力高、发酵力强的酵母菌。将这 5 株菌作为酱香酒曲的发酵菌种，在最佳工艺条件下酿造的酒清亮透明、酱香突出。2007 年，任道群等从酱香型酒糟醅中分离出 63 株酵母并选育出了 5 株发酵力较强的菌株，其中 2 株为耐酒精酵母 5S26 和 5S32，1 株为耐温酵母 5S4。5S32 酵母在主要酿酒原料糖化液中均有较强的发酵力，是 1 株对酿酒原料适应性强的优良酵母。2009 年，张荣等从郎酒高温大曲中筛选到 3 株菌落形态各异的产酱香香气的细菌。3 株菌株经鉴定为地衣芽孢杆菌。2010 年，罗建超等从高温大曲制作过程的不同环节筛选出 25 株产酱香功能芽孢杆菌。所有产香菌均能产生大量酶类，如淀粉酶、蛋白酶，能将甘油转化为二羟丙酮，分解多种糖产酸，由此推测了芽孢杆菌产香的可能机制。2011 年，杨涛等从酱香型白酒大曲、酒醅和窖泥中分别分离得到 5 株嗜热芽孢杆菌、3 株酵母菌、1 株复合产酸菌，并将它们应用于酱香白酒生产。发现应用 5 株嗜热芽孢杆菌在制曲时添加所制得的强化高温大曲，蛋白酶活力明显提高，曲香馥郁；应用嗜热芽孢杆菌、酵母菌与曲药、糟醅混合堆积，糟醅复合酱香明显；应用复合产酸菌培养窖底泥，窖底香基酒比例升高，酒体中各种酸及相应的乙酯含量均显著提高。2012 年，袁先铃等从酱香型大曲中分离得到 3 株产蛋白酶菌，其中 1 株蛋白酶活力达 1162.4U/g，经鉴定为枯草芽孢杆菌。2011 年，杨国华等从茅台酱香高温大曲中分离了 1 株产酱香风味好且蛋白酶活力高的细菌 HMZ-D，该菌株在最优发酵产酶条件下的蛋白酶酶活为 2901.3U/g。2012 年，张应莲等从酱香型酒大曲中分离得到 1 株白地霉 MTBD，优化了其产蛋白酶的固态发酵条件，在最佳条件下产酶活力可达到 4827.05U/g。2013 年，周靖等从酱香型白酒生产用大曲中分离筛选出 1 株糖化力和酯化力都较高的红曲霉菌株 MZ-1，该菌对产酒和产香都有一定的作用。

2. 分子生物学技术

常规微生物学研究方法仅仅局限于可培养的酿酒微生物，然而酿酒过程中，可培养的微生物菌群仅为总菌群的很少一部分。因此，不能全面地了解白酒酿造系统中微生物的种类及数量，就限制了对酿酒微生物的研究。而分子生物学技术避开了传统微生物培养分析的环节，通过分析微生物的核酸片段，从基因水平就能对样品中微生物进行定性和定量。目前，分子生物学技术已经逐步应用于酿酒微生物的研究。2010年，高亦豹等利用聚合酶链式反应—变性梯度凝胶电泳（PCR-DGGE）技术对5种中国白酒高温和中温大曲的细菌群落结构进行了分析，发现酱曲多样性指数最低，与其他工艺大曲在细菌群落结构上存在明显差异。2012年，边名鸿等采用核糖体DNA扩增片段限制性内切酶分析（ARDRA）手段研究酱香型郎酒窖池底部窖泥中的古菌群落结构。克隆文库分析结果表明，窖泥中古菌主要分布于广古菌门中的甲烷袋状菌属、甲烷八叠球菌属、甲烷鬃毛菌属和甲烷杆菌属，分别占44%、41%、3%、9%。陈林等采用PCR-DGGE方法研究了酱香型白酒酒醅在不同发酵阶段的微生物群落结构变化，发现随着发酵时间的延长，酒醅细菌多样性逐渐减少。实验所分析的14种酒醅细菌群落中除了不可培养细菌外，其他主要属于厚壁菌门，包括乳杆菌目的乳杆菌科、芽孢杆菌目的芽孢杆菌科等类群，其中乳杆菌目占绝对优势。颜春林通过PCR-DGGE技术分析福矛高温大曲储存过程中的细菌群落结构动态变化。结果表明，大曲中原核微生物多样性丰富，以芽孢杆菌类最多且具有种类和遗传多样性；高温大曲储存过程中微生物多样性减少；同一储存时期，大曲不同部位的细菌群落也有差异。谭映月等利用PCR-DGGE技术研究酱香型白酒制曲过程中的细菌菌群结构及其消长规律。结果表明，母曲、翻仓曲和出仓曲的菌群结构存在明显差异。随着曲药的发酵，细菌多样性下降，优势菌群变化明显，其中芽孢杆菌属和乳酸杆菌属在不同酒曲样品中同时存在，也成为制曲后期的绝对优势菌，对形成浓郁的酱香风味有重要作用。另外，基因工程已广泛应用于微生物菌种的改造与构建。利用基因工程对微生物进行遗传修饰，构建高产乙醇和特征香味物质的基因工程菌株已成为酿酒分子生物学的热点。

六十四、酱香型白酒研究与生产中的前沿科技（非微生物篇）

1. 机械化、自动化技术

机械化、自动化技术在白酒生产过程中应用极大地提高了白酒生产效率，降低了人工劳动强度，推动了白酒行业向工业化、现代化方向发展。经过几十年的技术研发与改造，目前，酱香型白酒生产中的部分环节已经实现了机械化、自动化，如原材料的运输和处理采用输送机、提升机、去石机、振动筛、永磁滚筒等机械设备完成；原料和成曲的粉碎用粉碎机代替人工粉碎；用挖斗实现了酒醅出池的机械化；用行车代替推车实现酒醅的出入池输送；用不锈钢活动甑代替过去的天锅；采用打糟机碎糟；输酒用管道、酒泵自动输送；水处理和酒的净化除浊全套采用机械化、自动化设备；包装环节也在洗瓶、装瓶、贴标、装箱、打包和入库管理等工序上实现了机械化、自动化。此外，1967 年，茅台酒厂开始使用机器制曲代替人工拌料和踩曲，由于当时机械曲的质量和人工曲仍有差距，于 1989 年又开始恢复人工踩曲。但从长远来看，制曲必然向着机械化、自动化的方向发展。茅台集团的陈贵林等联合有关单位、机构研制了第三代制曲机，所制曲在外形、松紧度、提浆等方面与人工生产的曲块能达到大致或完全一致的效果。在勾兑技术方面，机械化、自动化勾兑工艺正在形成。谭绍利等采用自动化大容器勾兑系统用于茅台酒的勾兑，首次将脉冲气动调和系统与片式过滤设备综合应用于白酒勾兑工艺。该系统提高了白酒生产的自动化水平，使基酒利用率提高，勾兑批次差异缩小。

2. 计算机勾兑技术

20 世纪 80 年代，计算机技术被引入应用到传统的酿酒工业，开创出白酒计算机勾兑新技术。20 世纪 90 年代以来，精密分析仪器和电子技术的应用，促进了该技术的发展。采用计算机勾兑技术代替人工勾兑，不仅可以克服人工勾兑的不稳定性，稳定酒的质量，还可以便于多批次、多年次基础数据的储存与比较，提高生产效率，缩短劳动时间。计算机勾兑技术已经在酱香型白酒中有所研究和应用。如茅台公司早在 20 世纪 80 年代中期就曾两度尝试将计算技术勾兑技术应用于茅台酒勾兑过程。但由于酱香型白酒香气组成成分极为复杂，单纯靠计算机勾兑出来的酒或多或少存在着某些感官特征上的缺陷。因此，目前酱酒的勾兑要么还是人工勾兑，要么是采用人工勾兑和计算机辅助勾兑相结合的方式。如茅台的勾兑是先由勾酒师小样勾兑，成功后再进行微机大型勾兑。

3. 现代仪器分析检测技术

白酒的分析检测在白酒生产监控和质量控制等方面具有重要的作用和意义。

相比传统的化学分析方法，现代仪器分析检测技术在白酒生产中的应用不仅提高了白酒成分检测的速度、效率及准确度，也极大地拓宽了被检成分的范畴，使原来用化学分析技术不能被检测到或不能准确检测的白酒成分得以检测分析。目前，应用于白酒检测的现代仪器分析技术有色谱分析及其联用技术、光谱分析技术及其他一些新型现代分析技术。色谱分析及其联用技术主要包括气相色谱、气相色谱－质谱联用（GC-MS）等。光谱分析技术主要有原子吸收光谱法、紫外－可见光谱法、近红外光谱法等。其他的新分析技术有电感耦合等离子质谱（ICP-MS）、电子鼻、电子舌技术等。从检测方面来看，现代仪器分析技术在酱香型白酒中可应用于原辅料及产品质量检测、风味物质鉴定与分析、构建指纹图谱等。

4. 其他现代科学技术

除了以上提及的科学技术，还有很多现代科技在酱香型白酒的研究和生产中得以应用。

（1）防伪技术　防伪技术的应用对白酒产业的持续、健康发展起保驾护航的作用。常见的白酒防伪技术有条码防伪技术、激光全息防伪技术、油墨技术、电码防伪技术、酒瓶结构防伪技术、纹理防伪技术等。目前，茅台采用全新 RFID（射频识别）防伪技术，消费者利用随身携带具有 NFC 功能的手机，即可对茅台酒进行防伪验证及溯源。

（2）催陈技术　新酿造的白酒需要经过储存才能消除杂味，使口感醇厚、口味协调，然而自然老熟周期长，储存设备投资大。因此，采用催陈技术来加速白酒的老熟已成为白酒行业的重要研究课题。白酒的人工催陈技术有红外线照射法、激光催陈法、γ－射线辐射法、微波催陈法、超声波振荡法、磁处理法、催化剂催陈法、超高压射流催陈法、高电压脉冲电场催陈法、毛细管超滤膜催陈法、纳米工艺处理技术催陈等。目前，酱香型白酒的人工催陈已有研究报道。2012 年，申圣丹等研究了超高压射流技术对酱香型白酒的催陈作用。结果发现，该技术对白酒的催陈作用显著。随着压力的上升，总酸、电导率、乳酸乙酯增加，异戊醇／异丁醇在适宜范围内稍有上升，乙酸乙酯、丁酸乙酯、己酸乙酯减少，基本与自然存放趋势一致。

（3）农业技术　作为酱香型白酒的生产原料，高粱、小麦的品种和质量对酱香型白酒的风味品质有直接影响，通过良种选育技术获得高产、优质原料新品种，可以进一步提高酒的产量及质量，促进酱香型白酒的生产。仁怀市丰源有机高粱育种中心用本地传统高粱品种小红缨子与特矮秆杂交选育得到"红缨子"高粱新品种，具有抗病虫、产量高、耐蒸煮、支链淀粉含量高（占总淀粉90%）、出酒率高等优良特性，是目前茅台集团指定的有机高粱酿造原料。

5. 酱香型白酒科学研究与技术发展热点

由于酱香型白酒整个酿造体系的复杂性，迄今仍有很多核心的理论与技术问题未解决，制约了酱香型白酒理论研究和生产的深入发展。因此，还需在以下方面进一步加大科学研究与技术创新力度。

（1）发酵过程机理的揭示　深入、全面地研究和揭示发酵过程机理是今后酱香型白酒理论研究的重点和难点。包括研究酱香产生所必需的微生物及其在酱酒生产中所起的作用；产酱香微生物在发酵培养过程中的合成代谢机制；特定生化代谢反应与曲酒风格和质量变化的相关性；发酵过程中的各种物质变化与多种酶学反应的相关性等。

（2）风味物质及其形成机制研究　应用现代分析技术，全面剖析酱香型白酒中的呈香呈味物质，找出酱香风味的本质特征；研究风味成分之间的量比关系及其对白酒质量和风味的影响；研究特征风味成分的产生途径及影响机制等。

（3）酿酒微生物资源化利用与开发　酱香型酒高温曲、酒醅等均是巨大的微生物资源库，从中可发现并发掘出很多工业微生物有效菌株。如从大曲中分离筛选功能微生物，通过强化制曲方式提高大曲的生化性能；从糟醅中筛选出高耐性、高产乙醇酵母菌用于大规模工业化生产等。

（4）生产工艺改造与创新　酱香型白酒传统生产工艺复杂、周期长、成本高。对传统生产工艺进行技术优化与改造，以期提高出酒率，缩短生产周期，提高原材料产物的资源化利用等。

（5）原料选育与栽培技术研究　开展酒用优质、高产高粱、小麦等有机原料的育种、规范化栽培与病虫害生物防治技术研究；研究完善种植基地自然环境条件主要控制指标体系等。

（6）机械化、自动化生产及监控技术的开发　目前酱香型白酒生产的机械化、自动化程度仍处于较低水平。因此，还应继续开发机械化、自动化生产及监控技术以降低劳动强度和稳定产品质量。如开发出机械培曲设备、人工智能装甑设备；开发可自动监测和控制曲坯仓内发酵过程的计算机监控系统；开发具有基酒和成品酒分析数据管理、酒库管理、酒体辅助设计与勾兑等功能的计算机管理与控制系统等。

六十五、机器人酿酒品酒勾酒是天方夜谭吗？

中国酿酒工业协会理事长王延才认为，伴随着劳动力成本的不断攀升，以及土地资源的日益紧张，能源消耗愈来愈严重，生产环境要求更加严格，中国传统白酒改变生产方式已经迫在眉睫。"因此，白酒生产机械自动化水平的提升必将成为行业研究的重点。"

1. 酿酒机器人

2015 年 5 月 22 日上午，江苏今世缘酒业股份有限公司在机械化酿酒车间举行今世缘酒业中国白酒首套装甑机器人生产线揭牌投产仪式。发酵、出窖、加粮、配料、拌曲、装甑……传统酿酒的每一步，都需要手工参与完成，同时还要辅之以眼看耳听、鼻闻口尝进行检测，不仅无法保证规模产品的质量稳定，同时也面临着因劳动强度大导致招工越来越难的尴尬。创新是时代发展的潮流，没有创新就没有特色，没有创新就没有发展，没有创新就没有未来。装甑蒸馏，要求最大限度地将发酵生成物提取出来，它是制酒的最后一道工序，也是工艺要求最复杂的一道环节，"轻、松、匀、薄、准、平"六个字就是装甑难度的高度概括。

2. 品酒机器人

贵州国台酒业股份有限公司通过研究，研制出了国产的品酒机器人，运用宏观红外指纹三级鉴定法，对不同厂家的酒、同一厂家的不同口感的白酒进行分析和鉴别，直接得出不同口感白酒红外谱图的差异，在一级和二级红外分析中，不同口感的白酒呈现峰强度和峰型的不同，在三级红外分析中，不同白酒的红外光谱自动峰峰位随着白酒品质的提高，分别向高波数方向移动，宏观红外指纹三级鉴定法对于白酒的品鉴是十分有效和快速的。

3. 勾酒机器人

机器人勾酒通俗说来，就是由计算机对基酒勾兑和调味进行过程模拟，达到人为勾兑的效果。

（1）基酒勾兑　运用气相色谱仪测量半成品酒的微量化学成分，并通过品尝评价其质量，采用勾兑过程数学模型和最优化方法对各种半成品酒的用量进行最优化计算。在满足基础酒质量标准的前提下，最大限度地使用档次低的半成品酒，获得使基础酒经济指标最佳的勾兑方案的半成品酒的用量比例，从而提高经济效益。

（2）调味　采用人工智能专家系统获得方法和知识表达方式，系统地、科学地总结勾兑师的调味经验，形成调味专家系统的知识库。通过专家系统工具编制调味专家系统软件，使计算机能够针对基础酒中出现的香气和口味上缺陷，模仿勾兑师进行思维、推理、判断和决策等工作，得到合理的调味方案和调味酒组合。

六十六、智能化制曲、机械化制曲与传统制曲

曲为酒之骨，曲药是制酒中的重要原料，大曲又称块曲或砖曲，以大麦、小麦、豌豆等为原料，经过粉碎，加水混捏，压成曲醅，形似砖块，大小不等，让自然界各种微生物在上面生长而制成，统称大曲。

1. 什么是酱香型白酒的制曲？

所谓端午踩曲，就是每年端午时节开始制作酒曲。端午踩曲是茅台镇正宗酱香型白酒一个生产周期的开始，一般是端午时节开始制作酒曲。酒曲是粮食发酵成酒醅的必备原料。茅台镇酱香型白酒都是采用当地优质的冬小麦制曲，在高温（一般40℃以上）下制曲。每年端午后，酒师们开始制造曲药。曲药以小麦为原料，先将小麦粉碎，加入水和"母曲"搅拌，放在木盒子里，工人站在盒子里用脚不停地踩。很多酱酒品牌都是遵循这种古老的踩曲工艺。像茅台、郎酒、习酒等品牌都是遵循端午踩曲、人工踩曲的古老制曲方式。小麦经过"踩曲"做成"曲块"，用谷草包起来，进行"装仓"。大约7天后再进行"翻仓"，就是把曲块进行上下翻转，让每一面都能充分接触微生物。前后一般要进行两

次翻仓。40 天左右，曲块就做好可以出仓了，但是要使用的话还需要存储 3 个月以上。在使用之前，要将曲块"磨碎"，越碎越好。

2. 为什么酱香型白酒生产都说端午制曲？

制曲时间在夏天，制曲车间里的温度经常高达 40℃。高温有利于耐热微生物的生长，这些微生物混入曲块中分泌出大量的酶，可以加速淀粉转化为糖分。每到夏天，制曲车间的门上爬满了一层名为"曲蚊"的小虫，人一张口甚至能吸进几只。制曲需要的就是这样的微生物环境。实际上，现在的制曲，全年都可以进行。

3. 酱香型白酒的机械制曲是什么？

机械制曲就是要用机械化取代传统的人工踩制大曲的方式，节省人工劳动力，很多企业，一直在做相关尝试。早在 20 世纪 80 年代前后，茅台酒厂就有过大规模机械制曲的尝试。茅台酒厂的第一代制曲机是仿照砖块成型原理制造，曲坯是一次挤压成型，过于紧密，发酵内外温差大，散热差，曲子断面中心出现烧曲的现象，曲块发酵力低。而且制曲机械简陋、故障率高。2013 年，国台酒庄由机械制曲逐步取代人工制曲，克服了上述问题，降低劳动强度 50% 以上，根本改变人工操作"靠经验、凭感觉"的不确定性，确保质量稳定。小麦、母曲等原料进入制曲机搅拌，压曲成型过程液压传动，曲饼自动传出，通过托盘传输系统直接装车入库；曲饼储存温度、湿度等指标实现数字化全天候自动监控，曲粉研磨标准化生产和封闭式管道输送，改善了生产和工作环境，降低了重体力劳动。

4. 浓香型、兼香型白酒的机械制曲什么情况？

在生产浓香型白酒的江苏洋河酒厂股份有限公司粉碎制曲二车间现代化制曲大楼内，汗流浃背的手工式劳作、高粉尘笼罩下近百公斤重的粮包搬上运下、肩挑手提的装袋搬运等场景已难觅踪迹，取而代之的是高大的厂房架构，整齐划一的车间布局、井然有序的机械设备以及快速均匀的机械制曲，彻底克服了传统人工制曲劳动强度大、曲质不稳定、卫生条件差的不足。制曲大楼为整体设计，各环节相互连通，从原料入仓到成品曲粉碎形成一个有机整体，展示出现代化制曲生产的恢宏气魄。从原辅料的处理到曲坯成型两个系统各环节经中心控制室电脑联网控制，真正实现了一键控制和自动化、封闭式，员工在操作过程中真正做到足不出户，节约了大量的人力，减轻了劳动强度，并保证了曲的生产过程中配料更精确，拌料更均匀，各种技术参数控制更科学，确保曲块松紧度一致，曲坯成型规范、统一。

为节省人力，提高生产效率，兼香型的湖北白云边酒业股份有限公司于2008年引进了一套机械化生产设备用以生产白云边高温大曲。经过两年多的科学研究和生产实践，高温机械制曲生产的成品曲基本达到规定的质量标准，并成功应用于白云边酒的酿造生产。

5. 智能化制曲是什么？

制曲车间智能化生产管理系统包括设备层、控制层、生产管理层 MES（制造执行系统）和公司 ERP（企业资源计划）层。预期将实现以下相关功能：生产过程监控，质量分析，能源管理，性能分析，设备管理和成本分析。通过在线测量仪表和传感器对生产过程中的工艺参数进行测量和控制，保证原料小麦自动输送、自动润粮、自动粉碎、母曲液自动混合并传送压曲设备进行自动压曲，生曲块自动入仓发酵，发酵条件智能控制等关键工艺环节的稳定运转，并能在线剔除不合格品。通过生产管理 MES 系统对生产线的工艺参数、能耗参数进行监测、记录和分析，实现生产过程监控、质量分析和设备性能分析的功能。通过 MES 系统与公司 ERP 系统对接，实现数据共享，车间管理层可以了解目前的库存状态和订单状态；公司 ERP 管理层可以根据车间的生产数据进行成品分析。

六十七、智能化时代我们如何继承工匠精神？

1. 什么是真正的工匠精神

云南白药由云南伤骨名医曲焕章发明于1902年，被视为止血神药，其配方、工艺列入国家绝密。早年的白药，为粉末状的小瓶封装，品种单一。从十多年前开始，这家企业在王明辉的带领下大开大阖，先后从散剂开发出胶囊剂、酊剂、硬膏剂、气雾剂、创可贴等新品类，甚至还进入牙膏、洗发剂等快消品领域，成为老字号企业中第一家年销售额突破百亿的公司。如果固守曲老药师的小瓶模式，云南白药恐怕迄今还是一家偏居南国一隅的小而美作坊。王明辉，就是大字号的新工匠和"奇葩匠人"。

真正的工匠精神不是回到传统，一味地向前辈致敬，而是从传统出发，在当代的审美和生活中重新寻找存在的理由。新工匠的第一个特质是手艺人精神。他专注于产品本身，尊重制造的基本规律，对技术及细节的雕琢，是非常古典的，产品是他的人格投射，是专业精神的一次物质性呈现。新工匠的第二个特质是现代性。即与当代有关，与当代的一切新技术、新思维、新生活方式有关，百年前的厨房一定与当代的厨房不同，百年前的饮用趣味一定与当代的饮用趣味不同。新工匠的第三个特质是颠覆能力。他必须与众不同，必须足够"奇葩"，能够在最普通的商品中重构审美，最极致的，他能够重新定义一个商品。

2. 智能化酿造与工匠精神

新工匠精神既是手艺人精神，专注于产品本身，尊重制造的基本规律；又是现代性精神，紧跟时代步伐；同时还有颠覆能力，能够在最普通的商品中重构审美。天士力集团主席、国台酒业董事长闫希军认为："中国白酒从传统中走来，也必然要向未来走去。但这条路怎么走？我认为，既要继承传统，更要系统创新，由传统的食品酿造产业走向现代生物产业，由重体力、高耗能、一定程度的资源浪费型的传统工业，走向以人为本、资源集约、环境友好的新型工业。这是中国白酒由传统走向现代、由中国走向世界的必由之路。"这就需要智能制造和新时代的工匠精神。

六十八、如何能够实现大数据支撑智能调酒？

（一）国内外研究现状、发展趋势

白酒生产是我国的传统产业，历史悠久、底蕴厚重，具有独特的传统工艺流程，但是这种工艺流程中由于主要以人工品尝的方法来进行勾兑调味。而口感具有个体差异，并受很多主观、客观因素影响，因此明显存在白酒品质不稳定，难以控制指标，难以降低生产成本的致命弱点。

随着科技的发展，特别是近一二十年，工业现代化的浪潮也影响到白酒行业，白酒生产的传统工艺流程也采用了一些现代工业的技术，如基酒生产车间采用行车来进行车间内部物料运送，勾兑车间采用色谱分析仪来检测理化指标以及自动化的包装车间等。但如何使白酒生产更科学化地解决传统工艺中的一些固有问题，如理化指标非标准化，质量不稳定，勾兑量不容易控制，从根本上降低成本和消耗等仍是目前白酒生产行业最关心的问题。而要解决这些问题，主要应该在勾兑调味环节，构建起能产生有效组合方案的优化控制体系，使得能针对具体目标，如理化指标范围、成本、口感等要求，进行组合优化，达到控制生产的目的。由于调味过程中影响口感的因素比较复杂，导致调味过程难以数字化，所以在调味部分应该采用更智能的、具有动态适应能力的处理机制来实现。这就需要一套能在高效性、适用性上满足白酒企业生产要求的大数据支撑智能调酒系统。

20世纪80年代以来，许多科研机构相继开展了计算机勾兑技术的研究，除泸州老窖集团有限责任公司、五粮液集团有限公司等知名企业外，部分地方企业也已开始应用。泰山生力源集团研发了"白酒生产CAD网络系统"，并已投入使用。它实现了计算机在白酒生产过程中的控制，实现了企业科研生产、检测把关、综合管理的网络现代化。其主要功能为"色谱分析"和"白酒勾兑、调味"，建立了完整的色谱骨架，实现了勾兑工艺中的自动控制。华中农业大学工程技术学院在其设计的计算机优化白酒勾兑软件中引进了线性规划、目标规划，设计出优化配方。在实践应用中可以产生一个满足约束条件口感最佳、各种微量成分平衡协调的最低成本配方。根据目标规划能统筹兼顾地处理多种目标关系的特点，有效地优化了勾兑工艺。

（二）技术关键、技术路线和应用方案

1. 主要目标

对基于大数据支撑智能勾调的白酒质量评价系统的研究，是二十一世纪中国白酒质量评价体系的健全与创新，是酒界的一个重要的、值得深思的课题，就目前来说是一种新的尝试和有益的探索。通过对基于智能勾兑的白酒质量评价系统的研究，借助计算机信息技术实现对白酒质量进行智能评价分析，进一步优化勾兑工艺，优化酿造工艺。本课题建立的系统将是一个高智能化的、能

将专家的感官鉴定与酒中微量香味成分的多少和量比关系有机结合起来，对各香型白酒内在质量作出正确、综合、科学判断，能够克服传统的"只可意会、不便言传"的感官评酒方式的种种弊端，使评价鉴定快速、方便、准确；融合分析数据，可以确保酒质评价的一致性、提高优质酒的质量；可以改善勾兑、调味工作的条件，大大减少品尝次数，缩短勾兑、调味周期；系统具有总结、提高、学习的能力，可以促进技术人员勾兑调味水平的提高；利用系统设计、模拟各种酒型的能力，可以更好地进行新产品开发、科学地制定最优酿造工艺。系统对新产品开发、老产品改造以及评酒专业人员技术水平的提高都起着重大作用，对科学评价白酒的质量和推动企业技术进步具有重要意义。

2. 主要内容

（1）白酒基酒质量检验鉴定技术标准研究　对白酒基酒各项关键指标进行分析检测，开发一种基于气相色谱、核磁共振、近红外或原子力、气质联用的集成检测方法。对各企业的基酒进行标准样品分析，选取有效合理的训练样本进行相应的变换分析并进行特征的提取，利用数理统计方法建立白酒图谱的数学模型。

（2）白酒基酒标准样品数据库的建立　研究不同厂、不同时间、批次中的样品关键指标的差异性，并对企业送样及市场抽样进行理化、色谱、光谱全分析，对采集到的数据采用某种优化准则（如模拟退火算法、遗传算法、Tabu 搜索算法等）、选择特征子集数据并对原采集的数据进行某种有效的变换（如主成分分析、独立分量分析、非负矩阵分解等）得到新的特征子集数据，进而形成白酒的数据档案，建立白酒质量评判的准则，实现白酒基酒质量指标追溯管理和质量信息平台。

（3）白酒基酒质量鉴别评价技术研究　结合感官尝评手段，利用开发的分析方法对标准样品进行检测，并参考建立的标准样品的数据库，开发一套数据处理系统信息软件，实现待测样品的特征提取、分类聚集、相似度的计算，得到样本相应的评判数据，利用已有的评判准则，判断检测样品的种类、年份等属性。

（4）智能勾调模型的训练　智能勾调模型的训练、学习是根据白酒勾兑原理，用计算机模拟人工勾兑的过程来实现的，在以上确定对于采集到的数据采用某种优化准则、选择特征子集数据并对原采集的数据进行某种有效的聚类分析变换，建立白酒质量评判的准则基础上，本研究对自动勾兑模型的训练、学习分以下几步。

① 将专家品评过的样品数据输入系统作为初始经验数据，进行聚类分析。建立一个初始约束条件值（标样酒微量成分含量、基酒取酒范围、单体添加量、收缩精度、加浆量等）上下限范围。

② 利用系统设计新的目标样品，即满足约束条件（口感最佳、各种微量成分平衡协调）的最低成本配方。用系统对目标样品数据进行分析、处理，设计出一个优化配方。

③ 小样勾兑人员根据配方配制出小样后，由评酒专家对小样进行品评，如果品评结果与预期一致，则将该配方设定为经验配方，按照经验配方管理方式自动调整经验配方约束条件值，否则，人工修改经验配方初始约束条件值，重新进行配方设计，直至品评结果与预期一致。

④ 通过选取尽量多的各个质量档次的酒，重复步骤②和步骤③，可以不断提高系统的适应性和勾兑效率。系统正常运行后也是通过步骤②和步骤③不断提高系统适应性和勾兑效率的。系统的使用过程同时也是一个训练和学习的过程。

⑤ 自动勾兑模型的训练成熟后，转入评价子系统，进行评价子系统训练。

3. 技术关键

（1）样本的选取　样本的选取将决定特征提取、评判准则、算法计算代价及整个方案的性能。目前，样本的选取已有许多有效的算法，根据白酒图谱的特点以及所测仪器的性能选取合理有效的样本选择算法是本研究的关键。

（2）不同环境、不同仪器所测样本图谱相似度的计算　图谱的鉴别不能仅凭主观方法判断，而必须借助于一些数学处理方法来描述图谱间的相似程度，揭示图谱间的微小差异。二维飞行质谱、核磁共振波谱仪、近红外光谱仪等仪器所测样本图谱具有各自的特点。相似度的计算有不同的方法，如何根据白酒图谱的特点寻找一种有效的相似度计算方法是本研究的关键点。

（3）白酒特征指纹图谱的建立　白酒图谱的建立有多种方法，各种方法获得不同的参数，如核磁共振图谱可以获得白酒的各类质子的化学位移、数量等多个结构信息。如何选取不同测试仪器的不同参数数据作为白酒特征图谱的建立的信息将是本研究另一关键点。

（4）白酒图谱特征的提取与分类识别　特征提取的本质可以理解为维数约简，在保持原特征空间内结构不变的条件下，通过对原空间进行某种形式的变换，寻找新空间的过程。目前较为常用的特征提取方法主要有 PCA（主成分分析）、LDA（线性判别分析）、CCA（典范对应分析）等。分类识别的作用是建立决策规则，实现对被测试对象的判别分类，常见的有最近邻算法、近邻算法、决策树方法、贝叶斯分类、神经网络等。根据白酒图谱特征选取何种特征提取与分类识别算法将是本研究的重点。

（5）白酒基酒质量鉴别评估方法研究　白酒是一种味觉品，它的色、香、味、格（风格）的形成不仅仅决定于各种理化成分的数量，还决定于各种成分之间的协调平衡、微量成分衬托等关系，而人对白酒的感官检验，正是对白酒的色、香、味、格的综合性反映。这种反映是很复杂的，如何通过理化成分的分析，寻求一种多元统计方法全面地、准确地反映白酒的色、香、味、格的特点，借鉴感官描述分析技术，将是本研究又一关键点。

（6）对酒体数据建立数学模型　对数学模型进行训练，发现其内在的本质规律，实现满足约束条件的最低成本配方，提高成品酒质量的稳定性，降低生产成本，提高生产效率。系统具有总结、提高、学习的能力，随着训练数据（经验配方）量的增长，系统的适应性也会不断提高，可以促进技术人员勾兑调味水平的提高。

（7）线性规划　优化配方设计的结果是产生一个满足约束条件（口感最佳、各种微量成分平衡协调）的最低成本配方。它受原酒或调味剂的微量成分、约束条件值（标样酒微量成分含量）、原度酒或调味剂价格的影响。线性规划的灵敏度分析可揭示上述因素的变化对优化结果的影响程度，并可计算出在保持配方原酒或调味剂入选种类不变的情况下，各原酒或调味剂的价格变化范围、约束条件中微量成分指标和用量限制值的变化范围，以及各原度酒或调味剂微量成分值的变化范围。

（8）勾兑子系统与质量评价子系统与数据库接口的实现　以 MATLAB 平台为例，数据库管理系统与 MATLAB 平台相互独立性比较强，唯一的联系是数据集的共享，设计一个算法，将数据库中的数据转换成双精度复数矩阵存入MAT 文件；启动 MATLAB 并载入这个文件，根据预先编制的程序对矩阵进行计算，即可得到结果。这样两者结合松散，且易于调试。关键在于如何将勾兑子系统与质量评价子系统通过数据库接口连接，实现三者的互相协同。

4. 技术路线和应用方案

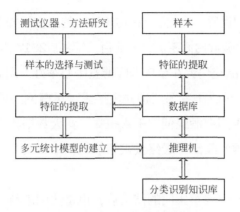

白酒基酒质量鉴别评估系统建立

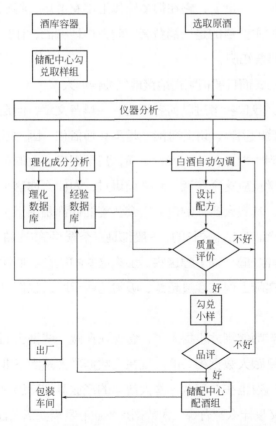

白酒大数据智能勾调、质量评价系统及与其他系统流程图

六十九、解密白酒未来：大数据和人工智能是重头戏（凤凰网专访）

中国白酒要走向世界，不能完全在传统酿造的温室里安享传承，应积极创新，借助新科技、新技术破解白酒密码，才能百尺竿头。2017年11月10～12日，第97届全国糖酒商品交易会在重庆国际博览中心举办。期间，重庆诗仙太白总经理、《博士话酒》科普作者邹江鹏先生接受了凤凰网酒业的专访，如何来解读"适量饮酒"？中国白酒缘何"千人千味"？大数据和人工智能如何能揭开白酒酿造的神秘面纱？品酒师最终会被智能机器取代吗？且听邹博士与凤凰网酒业共话白酒未来。

邹江鹏：我是泸州老窖集团的博士后，也是法国南特大学和中国四川大学的博士，现在是诗仙太白的总经理，我的经历大家可能在网上也都查得到，有一个栏目叫《邹博士话酒》，它在很多媒体上都有推广，特别是通过凤凰网来向全球传播，它的主要目的是让消费者明明白白地喝酒，让广大的老百姓能够知道有关白酒的科普知识。

凤凰网：是的，而且要很明白地接地气地告诉大家。

邹江鹏：对，我也参考过以前老师的一些科普文章，但是我都发现一个问题就是，这些科普的语言，讲的可能还是不够通俗化，因为我们做科普的时候就希望能够讲得明明白白，让大家看得懂，甚至把口语化的东西讲出来，你不用去讲分子式化学反应这个东西。我之前讲过，为什么你这个酒喝了头疼，或者是觉得不舒服，其实大多数的白酒它会头疼的话都是由于杂醇油超标，那么杂醇油说简单点就是碳链比较长的，一般都是三个碳原子以上的这种醇类物质，比如正丙醇还有异戊醇、异丁醇这些，那么这些物质在我们质量控制时是可以把它去除掉的。实际上现在通过超滤、吸附这些手段，我们可以把杂醇油的含量尽量减低。

凤凰网：邹老师您刚才也提到了，您现在在做一些博士后的研究课题，您研究的课题可能是跟大数据相关的。现在大数据确实是当下非常热的一个点，很多人，包括贵州省也在专门做一些大数据的产业基地。那对于酒业来说，您觉得大数据的意义是什么？有哪些大数据是酒业非常需要去关注的？

邹江鹏：大数据这个概念，提出来有一段时间了，但是真正在酒行业里广泛地被提及，应该也就是这两年来，特别是我的导师，就是老窖集团的张良董事长。他是中国酿酒大师，也是泸州老窖传统酿制技艺的传承人。他提出来，我们的传统工艺一定要与时俱进，一定要与现代科技相结合。那么，中国白酒这么多年的发展，很多地方还是说不清楚的。比如，就拿我们的发酵过程来说，到现在为止，我们都认为它还是处于一个黑箱的状态。里面这些微生物到底是怎么产生其他物质的，或者产生各种各样物质的这个过程，我们都缺乏研究。

凤凰网：邹老师，像您说的这样的黑箱状态，只是白酒这样？还是世界所有的酒类其实都是这样的？

邹江鹏：我认为中国白酒更明显一些。因为中国白酒的香味组成成分特别多。而国外的酒，特别是伏特加，它实际上是一种非常纯净的酒，为什么伏特加可以用来做鸡尾酒的基酒？因为它的味道基本上很单一。

但是中国白酒，12大香型，这个大家都清楚的，包括酱香型，到现在为止，还没有研究出来主体香是哪一个。到底是哪些菌种在里面，如何产生酒中物质的？现在我们大体会有一些研究，比如说，产香的菌种是哪些，或者是产酒的菌种是哪些。但是，每个菌种如何产生发酵过程呢？没有一个人能说得清楚。如果我们在酿酒时能够在里面布满很多传感器，等数据极为丰富了以后，再来探知它的过程，那么有些问题就会迎刃而解，比如为什么这个窖坑跟那个窖坑在同一个地方生产出来的酒都不一样呢？如果知道了酿酒过程中发酵控制的关键点，它到底是哪些菌种，是怎么发生这个发酵过程的，那完全可以控制这个比例或者过程，这样的话就可以做到质量的稳定性。实际上现在我们把这个叫做批与批之间的质量稳定，是一个很大的课题。

那么现在怎么保证它连续的质量稳定？一般是通过勾调，勾调就是通过我们勾调大师和品酒大师的味觉，让每一次勾出来的酒能够尽量地趋向于口感一致性，这样才能缩小它的质量差异。但是如果我们从源头就能够做到质量的稳定性，就是基本上能够相一致的话，那么后期的勾调这个环节就可以少很多工作量，这是指酿酒过程中的大数据。说明白了就是把黑箱里的这些数据大量地收集，知道这些小的微生物到底是怎么在工作的，那么就容易弄清楚中国白酒的发酵过程。随着 AlphaGo 机器人的问世，真的已经是进入了一个人工智能的时代了。那么大数据和智能这两个结合在一起，实际上是今后白酒发展的一个非常重要的一个观念。我们的白酒这么多年来，都是凭口尝，当然到近代，有了化验这个手段，我们逐渐对它的理化成分有了一定的了解，但是这个理化指标，并不能完全地对应到我们的口感，很多人都说，为什么这个理化指标好像都是一样的，但是口感不一样，这也是我们普遍存在的一个问题。但实际上它是可以解决的，这个东西就需要更多的大数据去支持，我们现在大数据智能调酒，比较明显的就是在做三人炫。它其实很简单，原理就是我们把大量的积酒或者陈年酒的数据，通过色谱等手段来构建谱图，再把它放到数据库里，同时通过聚类分析或者建模这些手段，总结一些规律来。如果我们的数据量足够大，然后又通过人工智能的这种学习和手段，模仿人的口感，就相当于勾调大师做出来以后，然后放给机器去扫谱图，扫出来以后你再给它定义，这个酒是什么级别，什么口感，然后它通过多次训练以后，就完全可以掌握这些技能。而且我们这种具有人工智能的大数据系统，它的能力是很强大的。人的记忆力是有限的，即便是我们的调酒大师，他可能没有尝过的酒或者是没有见过的酒，也不一定知道该怎么做；即便是尝过，但是随着年纪的变化，甚至身体状况的不同，可能今天上午尝的和下午尝的就不一样了。所以我们希望通过大数据智能调酒系统的建立，来消除这些差异。然后人起什么作用？就起一个专家训练员的作用，就相当于我们人作为一个训练员，把这些知识传授给这个机器，然后机器通过不断地学习，不断地迭代，将来可以打败人类。

凤凰网：大数据和智能酿酒一旦大量运用，我们的品酒师是不是就要下岗了？

邹江鹏：不能这么说，人始终是处在一个前端的位置。机器是会慢慢地学习和进化，但是通过智能调酒只能尽量地减少人的失误和差异，人在这个环节中，始终还是起到一个顶层的作用。当然也不排除到 N 年以后，机器都取代人了，自然就会取代品酒师。

凤凰网：但是这样的未来还是有点恐惧的，还是不希望这一天的到来。

邹江鹏：这就是看人工智能它的一个发展趋势吧。因为人工智能现在的发展趋势，已经在很多的领域里，会取代一些重复的劳动，甚至取代一些有一定技术含量的劳动。如果真的有一天，人工智能取代了人类，那我觉得白酒行业也不能够幸免。但是我们一定要去正确地认知它，一定要向前看。

凤凰网：邹老师刚才您也提到了，大数据对于酿酒、调酒其实是非常关键的，但是您长期做科普工作，跟消费者的对话和接触其实也很多，我觉得这个大数据对于消费者的特征的描述、消费群体的勾勒，其实也是非常有益的。

邹江鹏：对，我们现在的大数据，我刚刚只讲到前面两部分，一个是酿酒，一个是勾调，还有很重要的一部分就是在营销和消费的这个环节，我们的酒到底卖到哪里去了，卖给谁了？并不是很清楚。因为我们只管到经销商这一层，经销商怎么卖，他可能会有记录，但是一般的厂家是拿不到这些数据的。曾经就这个问题，相关食药监管部门就多次到企业去走访，当时也问了我这个问题。我其实觉得这个问题要解释起来也不难，我们现在也有一些手段来解决，比如我们通过把质量数据和产品捆绑在一起，在超市里或者哪个商家里面，酒一旦卖出去，消费者会去扫这上面的码，扫码的时候有两个功能，一个是获取我们的产品信息，比如说质量报告或者是产品价格，同时他也会上传消费者在哪里买的这个信息，当然不会完全上传消费者的个人信息，或者是手机号，不会涉及个人隐私。但是可以知道这个消费者在哪里买的这个产品，这样把这个数据采集了以后就可以量化到，哪个区域的消费者更喜欢买这个酒，甚至是可以调研一个地方对于某个品牌的酒的一个喜好，或者消费者的情况，那么再进一步细化就是（如果做得好的话），在保护消费者隐私的情况下，可以进一步开放获取到消费者的部分信息。所以大数据在消费者之中也是可以通过现在的一些手段，来实现上下互传。

凤凰网：就是这种精准营销，有针对性地去做一些策略的改进、投放，包括策略的制定都可以通过大数据来完成，也就是从生产环节最后到销售终端整个产业链，其实大数据都还是非常有作用的，也能带来一些新的变化。

邹江鹏：大数据应该说现在无处不在，在我们的整个生活里已经渗透到了每一个环节，再加上大数据如果跟人工智能再结合起来的话，我认为将在未来十年之内对中国会有一个比较大的促进。

白酒热点杂谈篇

七十、遵义白酒产区的形成要素和技术发展趋势

酒的"产区"这一概念其实最早来源于葡萄酒，波尔多产区是全世界优质葡萄酒的最大产区，波尔多产区以一种概念化的模式升华了人们对其葡萄酒品质的认识，从而使得波尔多的葡萄酒驰名世界，人们一提到葡萄酒就会联想到法国的波尔多。白酒产区的概念，也是为了提升中国白酒在世界范围内的竞争力和影响力应运而生的。目前，行业内公认的产区只有川黔产区、黄淮产区。川黔产区的气候与地理位置占据先天性优势，形成了仁怀、宜宾、泸州三个竞争集团。其中以仁怀茅台为核心，推出了遵义白酒产区的概念，遵义白酒产区将会按照"一带两点"的规划来建设，将诸多白酒产业区域纳入其中。所谓一带指的是赤水河流域，包含着仁怀、习水、赤水等地。两点则分别指董酒、珍酒所在的汇川董公寺和湄窖所在的湄潭。

1. 遵义白酒产区形成的四个要素

（1）先天地缘要素 遵义地区历来是美酒的产地，茅台、习酒、国台、董酒、珍酒等聚集于此，这里有着得天独厚的地理条件。白酒酿造讲究"水、土、气、生"。首先说水，这里有着赤水河的滋养和星罗棋布的泉水，根据当地地质部门的检测，赤水河含有多种元素，如钾、钙、镁、铁、硫、磷、锰、铜、锌、硒等，遵义地区地层的深井与赤水河地下相通连，井水中也含有这些元素。例如茅台酒的酿造用水，无色、透明、无臭、微甜、爽净，水的总硬度为 9.46° dH，pH 值为 7 ~ 7.8，固形物中含有对身体有益的成分，这种泉水适于茅台酒酿制。其次说土壤，遵义白酒产区以茅台为核心，整个产区沿赤水河谷遍布的紫色砂页岩、砾岩形成于 7000 万年以前，土壤表面广泛存在的紫色土层，酸碱适度，无论地面水和地下水都通过两岸的紫土层流入赤水河中，溶解了多种对人体有益的微量元素，这些土壤做窖泥有益于酿造优质酒。再次说气候，赤水河谷冬暖夏热少雨的独特小气候造就了遵义白酒产区内以茅台、习酒、国台为代表的优质酱酒产生。最后说微生物环境，遵义白酒产区独特的赤水河、土壤、气候都导致这里的微生物富集。以茅台为核心，空气中微生物夏季有细菌 72 种分属32 个属，真菌 53 种分属 33 个属，水中细菌 178 种分属 82 个属。这些微生物造就了好酒的产生。还有遵义白酒产区的原材料，酱香酒酿造所用粮食为赤水

河畔出产的高粱，颗粒大而产量高，淀粉含量高，富含氨基酸，单宁含量适中，是酿造上乘白酒的极品原料。这些都是遵义白酒产区形成的先天地缘要素的体现。

（2）百花齐放要素　遵义白酒产区的先天地缘要素，从某种程度上来说导致了遵义白酒产区内拥有酱香、董香、浓香、其他香型等诸多白酒生产企业，这些企业为遵义白酒产区的繁荣起了重要作用。大凡说到酒的产区，多以地缘来划分，而一个地缘之内又往往只有一种或两种香型。比如宜宾和泸州产区，不管是区内泸州老窖还是五粮液基本上是以浓香为龙头，其他香型的知名企业寥寥无几。一枝独放不是春，百花齐放春满园。这个是遵义白酒产区区别于泸州、宜宾产区的重要特点。茅台为代表的酱香型，其口感"酱香突出，优雅细腻，酒体醇厚，回味悠长，空杯留香持久"，其国酒的地位自然不必说，习酒、国台、珍酒等都属于这一行列。同为老八大名酒董酒为代表的董香型，工艺和配方双国密，口感"浓香带药香，香气典雅，酸味适中，香味协调，尾净味长"。以习酒浓香系列、酒中酒霸、小糊涂仙为代表的浓香，具有"窖香浓郁，绵甜醇厚，香味协调，尾净爽口"的风格。鸭溪窖酒则具有"窖香浓郁，绵柔爽净，甜而不腻，香而不暴，余味悠长"的独特风格，它虽为浓香型白酒，但却有浓香入口、酱香回味的特点，浓头酱尾。湄窖生产的茶香型白酒，茶香浓郁，十分特别。不同的香型工艺又不尽相同，这也是一笔非常宝贵的财富。诸多不同香型的白酒企业，在遵义白酒产区竞相争艳，造就了中国白酒产区中独特的百花齐放局面，这个对于遵义白酒产区在中国酒版图，甚至世界酒版图的定位，有着极为重要的作用。

（3）资金财力要素　遵义白酒产区有着先天的地缘要素，有着产区内百花齐放的要素，自然就会吸引大量资本的涌入，这就造就了遵义白酒产区的第三个要素——资金财力要素。茅台集团的财大气粗自然不必说，2013年销售收入400亿元；中粮集团入股习酒，天士力集团投资国台酒，娃哈哈投资领酱国酒，海航集团投资怀酒，香港银基集团投资鸭溪窖酒，万祥集团投资董酒，等等。还有地方政府加大对白酒产业的金融支持力度，一方面，创新基酒抵押贷款、企业之间联保贷款、白酒商标权质押贷款、白酒金融理财产品等10个金融信贷产品，解决酒类企业融资瓶颈。另一方面，由地方政府和酒类发展管理局协调，争取国家、贵州省、遵义市专项资金扶持企业发展。中国人常说有钱好办事，那么在遵义白酒产区这个资金财力富集的地区，必然会推动产区内白酒企业蓬勃发展，带来产区的进一步繁荣。

（4）人才技术要素　先天地缘、百花齐放、资金财力的要素都具备了，那么人才技术要素的关键性就体现出来了。遵义白酒产区聚集了茅台集团国家级企业技术中心，习酒、国台省级企业技术中心，国家白酒产品质量监督检验中心（简称国家酒检中心）仁怀分中心等一大批国家级省级技术中心和检测机构，拥有老牌的遵义医科大学、遵义师范学院以及国内首个企业主办的酿酒学院——茅台学院等高等院校，茅台等企业拥有海归博士、国内博士及博士后等一大批人才储备。2012 年 2 月，高举科技大旗的茅台集团隆重召开科学技术大会——这是茅台国营 60 年来首次召开集团科技大会，也是国内首次召开的酒类企业科技大会，足以成为中国酒企科技发展的新开端，将进一步引领中国白酒走进科技创新和发展的新纪元。除茅台之外，近年以来，习酒承担的"白酒中几种风险因素的监测及风险评价研究"，国台承担的"强化大曲生产性应用研究"，珍酒承担的"利用功能微生物强化易地生产高品质酱香型白酒关键技术研究"，董酒承担的"名优白酒中挥发性酚类物质的研究"等省级科研项目都在有序地推动遵义白酒产区白酒科技的发展。

2. 遵义白酒产区的标准和质量准入体系

虽然具备了上述四个要素，但是遵义白酒产区的发展壮大面临的最大问题就是标准和质量准入体系。打造遵义白酒产区的初衷，就是为了让产区内的企业都能够共同享用这一金字招牌，提升遵义白酒企业的集体竞争力，然而这里潜在的风险很大。凡是没有准入体系和退出体系的圈子都是假的圈子，因为没有门槛，这个圈子里的成员随时都可能毁灭消亡。遵义白酒产区的标准和质量准入体系现在还没有完全建立起来，仅仅是依靠地缘来划定，但是这个现象不会一直存在，未来政府会在遵义白酒产区推动产区准入制度，设立统一标识，供符合准入标准的产区内品牌使用，打响遵义白酒产区名号。2014 年 6 月 1 日实施的，由贵州省产品质量检验检测院、贵州茅台酒厂（集团）股份有限公司等制定的《酱香型白酒技术标准体系》，实际上已经为产区内的两千多家酱香白酒生产企业设定了准入的标准和质量体系门槛，该标准涵盖酱香型白酒的原辅料、生产加工工艺、产品、检验、包装、储存以及与白酒工业相关的工业旅游等环节，共 65 项标准。今后遵义白酒产区还将制定相应的标准和质量准入体系，使得不合规格的企业不得享用遵义白酒产区的招牌，对已经进入产区内的企业，实行末位淘汰机制，保证遵义白酒产区的权威性和活力性。

3. 遵义白酒产区的技术发展趋势

（1）传统工艺的继承　遵义白酒产区一定要强调工艺保护，所以对传统工艺的继承是非常重要的。中国白酒的几千年来一直都继承了传统工艺，以酱香白酒为例，酱酒生产工艺源远流长，起于秦汉、熟于唐宋、兴于明清、精于当代。酱酒的传统工艺，一直强调"四高两长"，四高为高温制曲、高温堆积、高温发酵、高温馏酒。两长一是生产周期长，同一批原料要经过九次蒸煮、八次发酵、七次取酒，历时一年；二是基酒储存时间长，基酒必须经过三年以上的陈储，经过挥发、氧化、缔合以及酯化的过程，提高酒的品质。

（2）"四化"创新的发展　遵义白酒产区的白酒生产企业，正在朝着"标准化、自动化、数字化、科技化"的创新发展。例如某些企业正在实施节能环保创新，突破土地瓶颈，利用地理落差势能，把传统的"一层式、半边酿酒、半边摊晾"的酿酒车间设计为立体式排架结构厂房，建立现代标准化的水处理中心、立体式的谷壳房、集中泥池中心、筒形粮仓，真正地做到了以较少土地资源消耗支撑了更大规模的经济增长。还有食品安全云平台、生产流通追溯系统等科技创新都支撑了白酒品质进一步提升。

七十一、贵州白酒技术圈二三事

季克良、贾翘彦、付若娟、范德泉、方长仲、邹开良、汪华、鄢文松、陈先润、丁光成等都是贵州白酒技术圈乃至全国白酒技术圈曾经的顶尖人物，年龄多在 70 岁以上，大多都退隐江湖了，我现在就简单聊聊，期望让大家对白酒技术圈厚重的历史故事有个了解。

1. 茅台与国台的故事

2014 年，中国（贵州）酒类博览会（简称酒博会），我的老师，白酒国家评委付若娟、范德泉两位年近八十的老专家带着我品评了贵州的部分主要白酒，我也有幸再次向董酒的精神领袖贾翘彦等老先生们请教学习。付老、范老是和茅台季克良董事长同时代的老专家，对茅台工艺了如指掌，和季老交情非浅。

前排左起：吕云怀、贾翘彦、方长仲、汪华、庹文升、付若娟、王遵、范德泉、陈先润。
后排左起：蔡天虹、吴海、李其书、封家文、陈平、吴天祥、杨代永、邹江鹏、程和平、陈于文。

贵州省第七届白酒评委会评委

茅台之于贵州白酒企业乃至全国白酒企业，都堪称老大哥，茅台的故事大家都很熟悉，有关茅台的工艺、文化、历史，国人都耳熟能详。茅台与国台的故事，不仅仅是"国酒茅台"与"国台"的故事，也不仅仅是 2008 年茅台集团有意参股做大了的国台酒业，随后希望控股，2010 年茅台集团准备出资 28 亿元将其买下，但天士力集团叫价高达 35 亿元，他们之间更多的是传统与创新的故事。

茅台作为行业的老大哥，地位无人能够撼动，工艺技术方面更是权威，在行业中带领着习酒、国台、金沙、珍酒、贵酒等酱酒企业一路前行。国台酒业独辟蹊径，在尊重传统工艺的前提下进行创新，生产正在朝着"标准化、自动化、数字化、科技化"的创新发展。

所以酒博会上，付老、范老两位老专家在品尝了国台 53° 系列酒和国台 18° 酒之后，了解了国台的科技创新，对于国台的产品十分赞赏，认为高端酒的"酱香突出，优雅细腻"表现得好，而 18° 酒"酱香明显，酒体干净"，这也是对创新精神的认可。

2. 平坝窖酒与安酒引起的随想

2014 年的酒博会上付老、范老带着我还品了下安酒，无色透明，窖香浓郁，醇和甘洌，爽口不燥，记忆犹新。别小看这个酒，贵州曾经名噪一时的平坝窖酒和安酒，这是二十世纪八十年代北京城送礼的黄金搭档，特别是过年时，因为搭配一起就是送"平安"。2013 年我曾和平坝窖酒的老厂长白酒专家陈先润聊过，陈老已年近七旬，仍然致力于发掘贵州窖酒工艺，平坝窖酒独特的绵甜微带药香让人难以忘记。贵州的窖酒属其他香型白酒，因为原金沙窖酒厂的窖酒系列也属窖酒其他香型类，现在主要产品金沙回沙酒是酱香型，他希望我能找到一些资料来供他重新整理窖酒工艺文化。当时还谈到原金沙窖酒厂的老厂长丁光成先生。只可惜现在陈老身体不好，而金沙的丁光成先生也于 2014 年仙逝，不知道贵州窖酒工艺文化还有谁在关注。说到这，想起 2013 年酒博会上我有幸遇到了茅台董事长季克良，他在贵州醇展位上问主管技术质量的封家文："你们的鄢厂长现在好吗？我和他打了好几年官司。"鄢厂长即鄢文松，二十世纪八十年代当上贵州醇厂长，曾经为了茅台生产一种也叫"贵州醇"的酒而和季总打了很久官司，后来茅台的"贵州醇"只得改名"茅台醇"，这让贵州醇名声大振。而今老一辈的酒界前辈已经淡出人们视野，留下的是厚重的白酒历史和文化，我们应该好好继承，并坚持科技创新，把白酒发扬光大！

3. 黔派浓香和其他香型的百花齐放

上面说到了平坝窖酒和安酒的"平安"酒组合，实际上在白酒行业定义的十二大香型之外，还存在很多小众香型，都被归入其他香型。例如贵州匀酒独树一帜的"匀香型"酱头浓尾，呈馥合香；贵州湄窖的新型武器"茶香型"茶香浓郁；平坝窖酒入口幽雅，酒体醇厚，绵甜而微带药香；金沙曾经的"窖酒"风格独特；鸭溪窖酒具有窖香浓郁、绵柔爽净、甜而不腻、香而不暴、余味悠长的独特风格，它虽为浓香型白酒，但却有浓香入口、酱香回味的特点，是浓头酱尾。这些都曾是百花齐放的代表。天下浓香是一家，可是贵州浓香又有独到之处，二十世纪九十年代贵州醇、青酒等曾撑起黔派浓香的大旗，与川派五粮液、泸州老窖分庭抗礼，只可惜现在黔派浓香式微了。对于闻香，苏淮浓香酯香太重，犹如脂粉气；川酒太浓烈，犹如桂花树下闻桂花；黔派浓香体现的是厚重、深邃。对于口感，川派浓香在口感上过于强悍，就像是人们所熟悉的川菜，给人一种强劲的口感刺激；苏淮浓香则体现为顺和、绵柔；黔派浓香展现的是饱满但不张扬，厚重却不失器度，在酒体上体现的是沉稳、深邃、饱满、厚重。现在众多酒厂全力产酱酒，应该说是市场使然，但白酒业只有在百花齐放的时候才是繁花似锦！我重提贵州老酒的历史，也是一个圈内晚辈对行业的致敬，这是一个有着厚重历史和文化沉淀的行业！

4. 奇香型白酒独树一帜

我多次提到过贵州白酒的百花齐放时代，是酒界辉煌的见证。十二大香型之外，我也曾介绍过平坝窖酒、鸭溪窖酒、金沙窖酒、湄窖茶香型、匀酒匀香型，也曾说过黔派浓香之鼎盛。很多贵州酒的故事估计现在的年轻一代酒圈中人都不知道，而前辈们又淡出行业，我因为和圈中前辈们接触多些，也就记之以供大家参阅。

2013年和贵州省第七届白酒评委专家组朋友在一起小聚时，白酒老专家原茅台酒厂生产副厂长汪华及其女国家评委蔡天虹女士，都和贵州醇技术副总封家文提到过二十世纪九十年代贵州醇鄢文松老厂长带头研制的奇香型白酒。这也是我第一次听说"奇香"这个名词。后来在酒博会上，家文兄亲自请我品尝了奇香酒，当时顿觉既有葡萄酒的优雅柔和，又不失白酒的清冽醇爽，如海中之火，柔中蕴刚，香气奇特。

"奇香"是一种白酒工艺创新的结晶，采用葡萄和高粱为主原料，并设法降低原料中的植物蛋白以除去过量高级醇，减少杂味，从而使新产品达到口味清甜的效果。将西方葡萄酒酿造工艺，融入中国白酒传统发酵工艺中，在继承中国白酒传统风格的基础上融合了西方蒸馏酒的特点，技术先进，配方科学，呈现香气醇芳、清雅、奇特；口味绵甜净爽，幽雅舒畅，回味悠长。突出表现产品创新源于技术、工艺创新。它从研制的设想、产品设计、葡萄种植、原料选择、工艺实验历时10多年，凝聚了整整两代人的智慧和汗水。

白酒一直在创新中前进，不只有贵州茅台的红艳似火，更有星罗棋布的百香齐放。酒博会上见到的老专家们身影越来越少，这也不能不说是一种遗憾和感伤。

七十二、谈技术与营销的并重

2014 第四届中国（贵州）国际酒类博览会于 2014 年 9 月 9 日到 12 日在贵阳举行。本届酒博会以"展示全球佳酿、促进合作交流"为主题，汇聚了来自 1400 余家境外酒企、900 余家境内酒企参展。本届酒博会开幕式上集中签约总额为 1130.3 亿元，在白酒行业的寒冬中给广大酒企带来了一丝暖意。但是酒博会上，营销的狂欢之后，却让我发出了一个疑问"贵州酒博会上技术的声音在哪里？"

1. 技术人员少

国内的酒类博览会或展览会，都有一个明显的特点，那就是营销的专家云集，各路大佬基本上都会参加。可是同时，参加的技术专家们就明显少得多，此次贵州酒博会，我见到的技术专家们少于前几年。贵州白酒行业的老专家们现在大多退隐，季克良、贾翘彦、付若娟、范德泉、方长仲等老专家们都已年逾七十，除了季总还活跃在白酒圈的舞台上，其余老专家们很少能见到身影。而此次酒博会，也没有专门邀请这些权威专家们参加。我打电话给我的老师付老、范老、方老的时候，他们都说没有接到邀请，也不太想去参加酒博会。范老、付老 9 月 10 日在酒博会现场的时候，亲自带着我想逐一品评贵州的主流白酒企业酒样品，可是尴尬的是，除了少数几个企业有技术圈子的人在，大多数都全部是营销人员在推广产品。尤其令人担忧的是，某些企业的主要负责人当面就告诉我们，不需要技术人员参加，他们来了没有用！听了这些话，难怪老专家们心里不是滋味。我们在品评某些酒的时候，明显感觉这不是那个企业的酒的典型风格，问销售人员的时候，他们又说不出个所以然，还一味推崇他们的酒好。更为可笑的是，品评的时候，我们要求用干净的杯子，他们说酒精可以消毒，喝过的杯子没有问题！这个话，如果是有技术人员在场，怎么会犯如此低级的错误？酒博会，既是营销的盛会，也应该是技术的盛会，往往有一些技术专家在这个会上，去品评别家企业的酒，学习借鉴，如果都是不懂技术的人员在场，很难对产品进行技术交流。

2. 技术活动少

酒博会上，各种营销活动层出不穷，有抽奖送酒的，有美女表演促销的，有书法家现场写字卖酒的，总之是热闹非凡。可是回过头来看，技术活动有没有呢？不说搞个行业技术论坛这么高大上的事情了，就连基本的行业技术交流都做不到。前几年贵州酒博会上，基本上老专家们都会参加，我们各个厂的技术负责人也都会在场。范老、付老、方老和季总、贾总更是相见甚欢，穿梭于各个酒厂展台之间，我们这些技术圈的小辈们，则恭恭敬敬地等待着泰斗们来本企业展台指点，然后我们小辈们之间也互相请教，那个场面真的是感觉技术交流活动热火朝天！这次的酒博会，不仅很多技术圈子的大佬们没有参加，即便是参加的少数老专家们，也发出感叹："技术活动太少了，老熟人太少了！"其实酒博会完全可以举行小型的专家品评会，或者小型的技术论坛，把技术人员聚集起来，用技术活动来充实、推动酒博会。

3. 技术声音小

酒博会的媒体攻势可以说是铺天盖地，基本上国内的主流行业媒体以及各大报纸、杂志、网络都参加报道了。省部级领导的讲话，各大酒业董事长、总经理的采访，一波接着一波，媒体全面聚焦。但是在这媒体盛宴的同时，技术圈子的声音却很小，就拿华夏酒报酒博会专刊来说，技术的文章除了我的一篇"解读遵义产区的形成与发展"之外，其他的没有看到几篇。而其他的媒体报道上，除了成交火爆、让利促销、新品上市之外，对于技术的报道更是没有。诚然，酒博会的主旨是促进白酒销售，但是同时也应该是酒行业技术的盛会，行业媒体在酒博会上应该多采访一些老专家学者，让他们代表技术圈子来看酒博会。常常有酒企业为了新品上市开发布会，去请老专家们品评推荐，如果在这个酒博会上，抓住机会请老专家们现场品评，同时邀请媒体来，那不也是个极好的宣传吗？何况，行业媒体采访老专家的机会本来就不多，酒博会上是专家们聚会的好机会，也是采访的好机会。让技术持续发声，既是我们技术人员的责任，也是行业媒体的责任。

4. 必须技术与营销并重

我在不同的场合都在提一个概念，技术和营销要结合起来，打造技术营销，这也是很多技术前辈们一直在致力的事业。白酒行业是一架庞大的飞机，技术与营销是左右两个发动机，营销发动机现在通过不断创新开足了马力来助推白酒行业腾飞，然而技术发动机则明显缺乏创新马力不足。这两个发动机只有共同助力，才能推动飞机平稳快速地飞行，否则就会出现在原地打转的怪现象。

技术工作者往往喜欢和物打交道，喜欢理性冷静的思维，但是这经常给别人以高傲孤僻的感觉，这与营销人员热情激昂、感染力强形成了巨大的差别。但是技术人员作为科研的主体，更有义务把科研的成果让更多的人知道，这就需要技术与营销紧密结合。

通过技术来营销，通过营销再拉动技术创新，这远比单纯谈技术或者单纯谈营销要有用得多，是一加一大于二的结果。

七十三、金箔入酒到底有什么意义？

国家卫生和计划生育委员会官网 2015 年 1 月 14 日刊登了《国家卫生计生委办公厅关于征求拟批准金箔为食品添加剂新品种意见的函》，函件称，经审核，拟批准金箔为食品添加剂新品种，现已开始征求各相关单位意见并向社会征求意见，时间截止到 2 月 20 日。该函件中显示，允许金箔作为食品添加剂的产品仅为白酒，最大使用量为每千克 0.02 克。在生产工艺上，函件中提到，将纯度为 99.99% 纯金以物理方式将其汽化，使其均匀分散成小分子，再将这些小分子重新堆栈排列以精准控制分子磊晶堆栈的方式形成食品添加剂金箔。

中国食品工业协会白酒专业委员会常务副会长兼秘书长马勇 2015 年 2 月 2 日表示："我还没想明白，白酒中添加金箔能有什么作用。"马勇还表示，食品添加剂能否获得审批，应该看其是否具备技术的必要性。作为纯粮固态发酵的白酒，添加金箔没有任何意义和技术必要性。"至于纯粮固态发酵工艺以外的白酒产品是否有添加金箔的必要性，这个问题应当组织专家研讨。如果没有明显的技术必要性，那么行业协会肯定会持反对意见。"

酒中添加食用黄金更多的是富贵、权贵的象征，并无太多营养价值。食用黄金的历史首推中国。远在秦汉时代，华夏富豪就有食用金箔、金粉的记载。现代，日本、东南亚也盛行吃金箔。1983 年世界卫生组织食品添加剂法典委员会正式将 99.99% 自然纯金列入食品添加剂范畴，编为 A 表第 310 号。原中国国家卫生部发布的食品新资源第 8 类矿物质与微量元素明确了金箔的食用功能。明李时珍《本草纲目》记载："食金，镇精神，坚骨髓，通利五脏邪气，服之神仙。

尤以金箔入丸散服，破冷气，除风。"但这个在西医中没有证实。

中国历史上关于金箔酒的记载不少，大多数是记载金箔酒杀人的，《三国志·魏书》中魏明帝杀公孙晃，《晋书》中赵王司马伦杀贾南风，晋惠帝杀赵王司马伦用的都是金箔酒；明末时大臣刘中藻、林汝翥自杀，所用也是此物。在古代，金箔酒之所以有毒，是因为天然黄金中含有大量铅、汞等重金属成分，但经过提炼以后，生金变成了熟金，纯度大大提高，就不再有毒了。在历史上，饮金箔酒其实还有一种"冷僻"的用途——饮金为誓。古代蒙古人就有这样的习俗。《多桑蒙古史》中记载，1269年窝阔台汗国、钦察汗国、察合台汗国为了缓解矛盾，在塔拉斯草原举行大会，划分势力范围。蒙古诸王"互誓遵守此约，并依国俗以金屑置酒中共饮以证此誓"。在古代蒙古，不仅国与国之间的盟誓要用金箔酒，人和人之间订立誓约也要喝金酒。《元史》中记载，元世祖非常喜欢一个叫许宷的汉人官员。世祖不仅给许宷改了个蒙古名字，还让他和近侍帖哥、太子近臣庆山奴结为兄弟，而用来"义结金兰"的就是金箔酒。

既然前文我们提到，金箔酒喝了会致命，为什么蒙古人还要用这样的方式来订立盟约呢？首先我们要知道"抛开剂量谈毒性都是不科学的"，无论是生金还是熟金，少量的金粉对人体的损害微乎其微。蒙古人喝金酒，看中的是黄金"久埋不坏，百炼不轻"的稳定性。他们认为，将黄金磨成粉顺酒喝下，就能将黄金中"守信坚定"的宝贵品质带到盟誓者的心里，保证誓约的不变质。

在近代，日本、东南亚一带食用金箔盛行，金箔大餐、金箔酒、金箔水、金箔糖果、金箔糕点成了市场上的高档抢手货。国内一些大城市里"食金"更成为一种身份的象征。国内北京秦唐金箔酒业有限公司曾经推出过金箔酒，他们推出秦唐金箔酒的目的也就是打造一个上流社会的生活亮点。金箔本就是一个吸引上流消费群体的很好的点。他们认为除了产品本身的解毒养颜作用外，金箔在杯中缓缓盘旋，粼光闪烁，也自带逼人的富贵气息，除了金箔的功效和良好的形象外，酒质也是非常好，初闻无香气，而微香升腾，浮香弥漫，暴香四溢，绵延不绝。它的包装采用了天地盖，开盖后，脱去艺袍才显金箔酒的真实面目，整个产品都充满着富贵气息，充满着秦唐鼎盛之气象与文化，这对饮酒者将是一种极佳的精神愉悦。

但是一吨酒里应当添加多少金箔？一名成人一天最多能够吃多少金箔？这些标准无从谈起，迫切需要相关部门通过科学研究作出规定，因为这一方面关系到人民群众的身体健康，另一方面也与防止暴利、维护正常的市场经济秩序有着密切关系。这次卫计委出台的政策可能是国家对高端白酒复兴的支持，但我们经历塑化剂、年份酒，到添金入酒，希望大家能正确看待这些事，白酒经不起折腾了。

七十四、白酒十二大香型的分类及代表酒种

中国白酒十二香型中酱香、浓香、清香、米香型是基本香型，它们独立地存在于各种白酒香型之中。总体来说，酱香、清香、米香以及浓香型白酒占据了中国 90% 的市场份额，光浓香型白酒占了 75% ～ 80%，因此我们平时酒友主要接触的白酒也是这几种酒类。

其他八种香型是在这四种基本香型基础上，以一种、两种或两种以上的香型，在工艺的糅合下，形成了自身的独特工艺，衍生出来的香型。

①浓酱结合衍生兼香型（酱中带浓，浓中带酱）。

②浓清结合衍生凤香型。

③浓清酱结合衍生特香型。

④以酱香为基础衍生芝麻香型。

⑤以米香为基础衍生豉香型。

⑥以浓酱米为基础衍生药香型。

⑦以清香为基础衍生老白干香型。

⑧浓清酱结合衍生馥郁香型。

1. 浓香型白酒（代表酒五粮液、泸州老窖）

（1）工艺特点　泥窖固态发酵，需糟配料，混蒸混烧。

（2）评语（主要感官特征）　无色（微黄）透明、窖香浓郁、绵甜醇厚、香味谐调、尾味净爽。

（3）糖化发酵剂　中温偏高温大曲。

（4）发酵设备　泥窖。

2. 酱香型白酒（代表酒贵州茅台）

（1）工艺特点　固态多轮次堆积后发酵，两次投料，多轮次发酵，具有"四

高""两长"的特点。

（2）评语（主要感官特征）　微黄透明、酱香突出、优雅细腻、酒体醇厚、回味悠长、空杯留香持久。

（3）糖化发酵剂　高温大曲。

（4）发酵设备　石窖。

3. 清香型白酒

（1）大曲清香　代表酒山西汾酒、河南宝丰酒。

① 工艺特点　清蒸清烧、地缸发酵、清蒸二次清。

② 评语（主要感官特征）　无色透明、清香纯正、醇甜柔和、自然协调、余味净爽。

③ 糖化发酵剂　低温大曲。

④ 发酵设备　地缸。

（2）小曲清香　代表酒重庆江津、云南玉林泉。

① 工艺特点　清蒸清烧，小曲培菌糖化，配糟发酵。

② 评语（主要感官特征）　无色透明、清香纯正，具有粮食小曲特有的清香和糟香，口味醇和回甜。

③ 糖化发酵剂　小曲。

④ 发酵设备　水泥池、小罐。

4. 米香型白酒（代表酒桂林三花酒）

（1）工艺特点　小曲培菌糖化，半固态发酵，釜式蒸馏。

（2）评语（主要感官特征）　无色透明、蜜香清雅、入口柔绵、落口爽净、回味怡畅。

（3）糖化发酵剂　小曲。

（4）发酵设备　不锈钢大罐、陶缸。

5. 凤香型白酒（代表酒西凤酒）

（1）工艺特点　新泥发酵，混蒸混烧，续渣老五甑工艺。

（2）评语（主要感官特征）　无色透明、醇香秀雅、醇厚丰满、甘润挺爽、诸味谐调、尾净悠长。

（3）糖化发酵剂　中温偏高温大曲。

（4）发酵设备　泥窖。

6. 药香型（代表酒董酒）

（1）工艺特点　大小曲分开使用，大小曲酒醅串蒸工艺。

（2）评语（主要感官特征）　清澈透明、药香舒适、香气典雅、酸味适中、香味谐调、尾净味长。

（3）糖化发酵剂　大小曲分开用。

（4）发酵设备　泥窖。

7. 豉香型（代表酒广东玉冰烧）

（1）工艺特点　小曲液态发酵，釜式蒸馏制酒，再经肥猪肉浸泡、陈化处理。

（2）评语（主要感官特征）　玉洁冰清、豉香独特、醇和甘润、余味爽净。

（3）糖化发酵剂　小曲。

（4）发酵设备　陶缸、发酵罐。

8. 芝麻香型（代表酒山东景芝酒）

（1）工艺特点　清蒸混入，泥地砖窖，大麸结合，清蒸续渣。

（2）评语（主要感官特征）　清澈（微黄）透明、芝麻香突出、幽雅醇厚、甘爽谐调、尾净，具有芝麻香特有风格。

（3）糖化发酵剂　麸曲、大曲。

（4）发酵设备　水泥池、砖窖。

9. 特香型（代表酒江西四特酒）

（1）工艺特点　老五甑混蒸混烧。

（2）评语（主要感官特征）　酒色清亮、酒香芬芳、酒味纯正、酒体柔和、诸味谐调、香味悠长。

（3）糖化发酵剂　大曲。

（4）发酵设备　石窖。

10. 兼香型（代表酒湖北白云边、黑龙江玉泉酒）

（1）工艺特点　固态多轮次发酵，酱香、浓香工艺并用。

（2）评语（主要感官特征）　清亮（微黄）透明、芳香幽雅、舒适、细腻丰满、酱浓谐调、余味爽净悠长。

（3）糖化发酵剂　大曲。

（4）发酵设备　水泥池、砖窖。

11．老白干香型（代表酒河北衡水老白干）

（1）工艺特点　地缸发酵，混蒸混烧，老五甑工艺。

（2）评语（主要感官特征）　清澈透明、醇香清雅、甘洌挺拔、丰满柔顺、回味悠长、风格典型。

（3）糖化发酵剂　大曲。

（4）发酵设备　地缸。

12．馥郁香型（代表酒湖南酒鬼酒）

（1）工艺特点　整粒原料，大小曲并用，泥窖发酵，清蒸清烧。

（2）评语（主要感官特征）　无色（微黄）透明、芳香秀雅、绵柔甘洌、醇厚细腻、后味怡畅、香味馥郁。

（3）糖化发酵剂　大曲、小曲。

（4）发酵设备　泥窖。

七十五、你知道什么是生态酿酒吗？

最近关于雾霾的讨论十分热烈，雾霾最大的影响莫过于对人体健康的破坏，而对于酿酒这个靠微生物环境来生存的行业，雾霾无疑是对当前冷淡的行情雪上加霜。保护环境，发展生态酿酒是今后白酒行业发展的必然趋势。

1．什么是生态酿酒

随着人们生活观念的变化，健康、环保、珍爱生命的呼声日益高涨，这种变化要求白酒不但要有独特风味，更要求喝得健康，能节约资源、保护环境，进而达到人与自然的高度和谐统一。白酒酿造过程是酿酒微生物的自然富集过程，对生态环境等自然条件具有天然的依赖性，要酿造出好酒就必须创造出一个有利于酿酒微生物自然生长的良好环境。

2008年6月，国家白酒产品质量监督检验中心在成都组织召开GB/T 15109《白酒工业术语》国家标准修订研讨会，五粮液集团有限责任公司、茅台集团、泸州老窖集团有限责任公司、剑南春集团有限责任公司、郎酒股份有限公司、水井坊股份有限公司、沱牌舍得集团有限责任公司、中国食品发酵工业研究院、四川省酒类科研所和四川大学等全国名优白酒企业科研院所和质检机构单位代表参会。在四川大学胡永松教授、国家酒检中心钟杰主任及与会代表的提议和商讨下，基于之前大量的研究工作和实践，一致决定将"生态酿酒"术语增补进入GB/T 15109《白酒工业术语》。

生态酿酒：生态酿酒指保护与建设适宜酿酒微生物生长、繁殖的生态环境，以安全、优质、高产、低耗为目标，最终实现资源的最大利用和循环使用。

2. 哪些企业在做生态酿酒

在意识到资源的紧缺与不可再生，"健康、环保、珍爱生命"将成为人们的生活观念后，四川沱牌舍得酒业便提出了以"绿色、低碳、生态"为主题，以"质量经营与生态经营相结合"为方针，开创"生态酿酒"之先河，成功创建了全国首家生态酿酒工业园，并赋予它三大内涵：一是用高新技术改造和提升传统酿酒产业；二是构建"低投入、低消耗、高产出、高效益、生态化"的循环经济发展模式，促进地方经济的可持续发展；三是以信息化带动工业化，以工业化促进信息化，发展高新技术，从而实现生产力的跨越式发展。

近年来，生态酿酒如一阵春风吹遍了中国的大江南北，先后有沱牌舍得、五粮液、茅台、泸州老窖等二十余家白酒企业实行生态化酿造和生态化经营。"生态酿酒"经过二十余年的艰辛探索之后，逐渐成为酿酒行业蓬勃兴起的企业行为，"生态酿酒"已然成为当下最热门的词汇之一。

3. 生态酿酒与传统酿酒的区别

（1）传统酿酒

① 定义　利用传统工艺技术，以家庭、作坊为单位进行生产经营、管理的小规模生产方式。

② 特点　劳动强度大，资源耗能高，环境污染大，不可控因素多，质量安全风险大，产量小。

③ 侧重点　生产工艺和产品质量的符合性控制和管理，更关注结果——诉

求"产品达标"。

（2）生态酿酒

① 定义 保护与建设适宜酿酒微生物生长、繁殖的生态环境，以安全、优质、高产、低耗能为目标，最终实现资源的最大利用和循环使用。

② 特点 生态酿酒是利用生态学技术，使酿酒产业完成了从依赖自然环境到理性建设与保护环境的升华，利用产前、产中、产后所涉及的资源，进行清洁生产，形成低投入、低耗能、高产出、无污染的良性循环生产链，更深层次地使酿酒产业与生态环境持续、协调、健康发展，为酿酒业的发展拓展了新的产业链。

③ 侧重点 在工业规模化酿酒的基础上，以多重生态圈为依托，立足于产业链的资源循环利用，从产前开始延伸，采取"公司 + 农户"，生产绿色原料；产中通过建立系统内"生产者—消费者—还原者"工业生态链，生产生态型酿酒，实现生产的低消耗、低（无）污染、工业发展与生态环境协调发展的良性循环；产后延伸到消费领域、企业文化及其品牌培育，倡导生态营销和生态消费，向消费者传播生态理念，达到人与自然和谐相融的目的——诉求"人文关怀"。

4. 什么样的酒企才具备生态酿酒的能力？

中国白酒的酿酒模式有三种：传统酿酒、工业规模化酿酒、生态酿酒。从传统小作坊过渡到大规模工业化已经在进行，最终会落子于生态酿酒。生态酿酒讲究的是天人合一，是在传统小作坊酿酒与大工业规模酿酒之后的第三层次，高于前两层次，结合传统与现代，实现无缝对接。只有具备正确的生态理念和一定技术实力的酒企才具备生态酿酒的能力。

七十六、中国白酒技术圈劳模

谨以此文向所有辛勤奋战在白酒技术圈的工作者们，致以诚挚的问候！让我们来看看中国白酒技术圈的劳模！

1. 秦含章

秦含章老先生作为最年长的百岁技术专家，已经超越所有团队，成为白酒技术圈的精神领袖。秦老 1908 年 2 月出生，江苏无锡人，1931 年毕业于上海国立劳动大学农学院，后去比利时、法国、德国留学。1935 年毕业于比利时国立圣布律高等农学院，获工学硕士学位。之后，在比利时布鲁塞尔大学植物学院博士班进修微生物学，并任威尔孟哥本斯啤酒厂实习工程师，1936 年在德国柏林大学发酵学院专修啤酒工业。中华人民共和国成立后，历任食品工业部、轻工业部参事，第一轻工业部、轻工业部食品发酵工业科学研究所所长，中国轻工行业协会、中国食品工业协会常务理事。是第三、五、六届全国人大代表。长期从事食品发酵和食品工业的教学、研究工作。对山西杏花村汾酒传统的生产技术进行了科学总结，为我国白酒工业科学理论体系的建立作出了卓越的贡献。

2. 泰斗团队

沈怡方、曾祖训、高月明、季克良、高景炎、陶家驰、胡永松、于桥、庄名扬等（排名不分先后）。

以沈怡方、曾祖训等为代表的泰斗们，长期致力于白酒酿造、分析的科学研究，对白酒行业做出了卓越的贡献，为中国白酒的发展培养了一大批人才。作为中国白酒行业的从业人员，特别是技术圈的工作者，时时刻刻应该以这些老先生为楷模。

3. 协会团队

根据第一届中国酒业"金高粱"奖青年榜样名单列举。

（1）宋书玉　教授高级工程师，国家高级酿酒师，高级品酒师。国家专家级评委，中国酒业协会副理事长兼秘书长。

（2）徐岩　江南大学副校长，教授，江南大学酿酒科学与酶技术中心主任，中国酒业协会副理事长。

（3）钟杰　国家酒检中心酒类感官鉴评专家委员会主任，国家酒检中心白酒鉴评组组长。

4. 企业团队

根据中国酒业协会"中国首席白酒品酒师"评定名单列举。

（1）王莉　国家白酒评酒委员，高级工程师，贵州茅台酒股份有限公司职工董事、副总工程师兼技术中心常务副主任。

（2）王凤仙　山西杏花村汾酒厂股份有限公司检测实验室主任。

（3）艾金忠　北京红星股份有限公司总工程师。

（4）卢中明　四川全兴股份有限公司副总经理，国家级白酒评委。

（5）代春　五粮液股份有限公司勾兑专家，国家级白酒评委。

（6）吕云怀　贵州茅台酒厂（集团）有限责任公司党委委员、副总经理、总工程师。

（7）刘新宇　新疆伊力特实业股份有限公司副总经理、技术中心主任、副总工程师，国家级白酒评委。

（8）李泽霞　国家一级品酒师，国家级白酒评委，衡水老白干酒业股份有限公司研究所所长。

（9）李绍亮　宋河酒业股份公司副总经理、总工程师，国家级白酒评委。

（10）李家民　四川沱牌舍得集团有限公司副董事长，四川沱牌舍得酒业股份有限公司副总经理、总工程师。

（11）吴建峰　江苏今世缘股份有限公司董事兼副总经理。

（12）吴晓萍　国家级白酒评委，国家级评酒大师，著名酒体设计大师，四川文君酒股份有限公司首席调酒师。

（13）沈毅　郎酒集团公司酒体中心主任，国家级白酒评委，白酒酿造高级技师，高级品酒师。

（14）沈才洪　泸州老窖股份有限公司董事、副总经理、总工程师，中国酿酒大师，首批国家级非物质文化遗产代表性传承人，四川省第二届专家评审委员会委员，中国白酒技术专业委员会副主任。

（15）张国强　安徽口子酒业股份有限公司副总经理，首届中国酿酒大师，安徽省省级非物质文化遗产项目代表性传承人。

（16）张宿义　泸州老窖股份有限公司副总经理、酒体设计总工程师，中国酿酒大师，首批国家级非物质文化遗产代表性传承人。

（17）张锋国　享受国务院特殊津贴专家，国家级白酒评委，高级品酒师，高级酿酒师，山东扳倒井股份有限公司总工程师。

（18）陈林　中国酿酒大师，五粮液股份有限公司董事、总经理、党委副书记、总工程师，宜宾五粮液集团有限公司董事、党委委员，宜宾五粮液酒类销售有限责任公司总经理。

（19）陈泽军　高级品酒师，高级经济师，四川省宜宾市叙府酒业有限公司董事长。

（20）范国琼　高级工程师，宜宾五粮液股份有限公司高管。

（21）季克良　高级工程师，贵州茅台酒厂（集团）有限责任公司原董事长。

（22）周庆伍　安徽古井集团有限责任公司党委副书记，古井贡酒股份有限公司总经理。

（23）周新虎　江苏洋河酒厂股份有限公司副总经理、总工程师。

（24）赵志昌　研究员级高级工程师，黑龙江富裕老窖酒业有限公司副董事长、副总经理、总工程师。

（25）赵国敢　国家级白酒评委，白酒酿造高级技师，江苏洋河酒厂股份有限公司技术中心主任、首席勾调大师。

（26）赵德义　国家级白酒评委，山东景芝酒业股份有限公司副总经理。

（27）钟方达　国家级白酒评委，高级工程师，贵州茅台酒厂（集团）有限公司总经理助理。

（28）栗伟　高级工程师，国家级白酒评委，黑龙江省轻工科学研究院白酒室主任，黑龙江省酒业协会副秘书长，吉林省洮儿河酒业总工程师。

（29）贾智勇　中国酿酒大师，国家级白酒评委，陕西西凤酒股份有限公司副董事长、总经理。

（30）徐姿静　四川剑南春集团有限责任公司副总工程师兼酒体设计中心副主任，国家级白酒评委，享受国务院政府特殊津贴专家。

（31）高军　黑龙江北大荒酿酒集团总工程师，国家级白酒评委。

（32）郭波　广东石湾酒厂集团有限公司副总裁，国家级白酒评委，高级白酒品酒师，中国酿酒工业协会白酒分会技术委员会委员。

（33）郭宾　河北邯郸永不分梨酒业股份有限公司总工程师，国家级白酒评委，高级品酒师、高级酿酒师。

（34）曹鸿英　五粮液集团有限公司产品研发部副部长、首席尝品勾兑技师，高级品酒师、高级技师，国家级白酒评委。

（35）崔汉彬　广东九江酒厂有限公司果露酒车间主任，国家级白酒评委，高级品酒师，高级酿酒师。

（36）康健　山西杏花村汾酒厂股份有限公司质量管理部部长，国家级白酒评委，全国白酒标准化技术委员会副主任委员。

（37）彭茵　贵州茅台酒股份有限公司副总工程师、酒库车间副主任。

（38）谢义贵　四川剑南春集团有限责任公司副总经理，国家级白酒评委。

（39）谢玉球　江苏洋河酒厂股份有限公司总工艺师、江苏洋河集团副总经理。

（40）谢永文　稻花香集团总工程师。

（41）赖登燡　曾任四川水井坊股份有限公司董事、总工程师，高级工程师，教授级注册咨询师，全国白酒专业委员会专家，国家级白酒评委。

（42）雷钧　宜宾五粮液集团有限公司高级技师，四川省首批首席技师。

（43）谭滨　国家级白酒评委，原诗仙太白酒业集团有限公司酒体设计中心主任。

（44）谭崇尧　枝江酒业股份有限公司常务副总经理、总工程师，国家级酿酒大师。

5. 青年技术团队

这个群体很庞大，也是中国白酒未来的希望，所有白酒行业青年技术工作者都是这个团队的成员。

七十七、你知道茅台镇的气候与酿酒之间的关系吗？

为什么2015年茅台镇酒厂产量下降？知道酿酒与环境气候的关系如何？茅台镇400年的气候如何变化？想知道这些，请邹博士告诉您！先讲一个事实，2015年茅台镇酒企减产明显，主要是第三次取酒出酒率急剧下降，最低的甚至一甑只出酒二三十斤。那么为什么会减产？

1. 环境气候与酿酒

白酒酿造讲究"水、土、气、生"，茅台镇更是如此。茅台镇的酿酒微生物环境，是源自遵义白酒产区独特的赤水河、土壤、气候等，这些导致了该地的微生物富集。曾经有人研究过，这里以茅台为核心，空气中微生物夏季有细菌72种分属32个属，真菌53种分属33个属，水中细菌178种分属82个属，这些微生物造就了好酒。

贵州茅台地区属于山区，季节性气候变化明显，而大曲酱香酒生产工艺本身就复杂，历经春夏秋冬，一年一个生产周期，如果一个环节出现了问题，可能需要几个轮次才能补救回来，甚至有可能影响整季、整周期的生产。

为什么 2015 年茅台镇酒厂产量下降？从理论分析来看，2015 年前 5 个月相比于正常生产年份（2014 年）同期，温度更高，温度波动程度更大，暴雨、冰雹等极端天气频繁出现打破了环境中微生物的平衡，甚至可能导致关键微生物无法正常生长，进一步影响到糟醅的正常堆积发酵。一轮次空气湿度较去年高，可能是生产从一轮次开始糟醅酸度异常升高的原因。另外，生产车间昼夜温差大的现象，会引起糟醅在堆积过程中散热快，升温慢，最终导致糟醅在缓慢的升温过程中积累了大量的乳酸菌，在糟醅堆积过程中任意一次大幅温度变化均会对糟醅的进一步发酵产生影响。大量的酸，钝化了霉菌的糖化酶、液化酶的活力，糟醅酸度高、糖度增大，致使糟醅发黏，严重抑制了酵母菌、霉菌等有益菌的生长、繁殖，为后面轮次生产带来很大的障碍。

从贵州茅台镇某酒厂检测数据来看，2015 年糟醅堆积结束后，其微生物的菌群多样性就明显少于 2014 年同期的糟醅，从 DGGE（变性梯度凝胶电泳）结果能明显看出糟醅中微生物的种类减少，进而导致了糟醅堆积升温慢，入窖后产酒异常。由于温度变化较大，在糟醅堆积过程本应该成为优势微生物的菌种并未形成生长优势，而被其他菌种占据了其地位，例如 2015 年的下窖糟醅中的优势微生物成了耐酸乳杆菌、面包乳杆菌和巴氏醋酸菌，与往年完全不同。故糟醅中优势微生物种类的改变是糟醅酸度大、升温慢的直接原因。在不同种类微生物的竞争博弈过程中，产酸微生物占据了上风，进而阻碍堆积发酵进行；在忽冷忽热的温度条件下，发现不同的下窖糟醅中酿酒酵母时有时无的情况，这也是影响出酒率的原因。

茅台酒厂等单位针对气候的异常变化，相应地对生产工艺的一些细节做了及时的调整，采取敞酸、翻堆、减少尾酒用量、适量加糠等措施，缓解了生产异常问题。

2. 400 年茅台镇气候的变化情况

（1）1670 ~ 1770 年气候变化　清代贵州地方志记载了贵州绝大部分

的州县在清中叶种植了包谷，在清中叶已成为这一带民间的重要粮食。气候变暖会使包谷减产，主要原因是生育期缩短和生育期高温对授粉和干物质积累的不利影响。可见，清代前中期仁怀一带气候温和。另据《清实录》中皇帝的谕旨和贵州官员的奏折中可以看出 1729 ～ 1760 年贵州大部分区域"雨水调匀，田禾昌茂"。这些均说明这一时期仁怀一带气候较湿润，农业发展较顺利。

（2）1770 ～ 1870 年气候变化　这一时期气候逐渐变得寒冷。《遵义府志》记载，1774 年 4 月 20 日"遵义南隅里雨雪"，1815 年 4 月"立夏后大雪坏秧"，这种现象在年平均温度 12.6 ～ 18.0℃的遵义区域来讲实属罕见。仁怀市鲁班镇诗人卞龙堂（1761—1812 年）在他的诗作《烈女卞巳姑》中写道"东川五月忽侵霜，几日漫漫大雾沉"。仁怀的初霜期平均为 12 月 16 日，最早的记录是 11 月 15 日（1971 年），此诗的具体时间无法从文献中获知，却记录下了仁怀鲁班镇一次发生在 5 月（农历）的霜冻。

（3）1870 ～ 1940 年气候变化　经历了寒冷时期，仁怀的气温又转向了温暖。1902 年刻本的《增修仁怀厅志》土产卷关于水稻下种和收获时间的记载"坝田春分（3 月 20 日 ～ 4 月 5 日）前后种，立秋（8 月 7 日 ～ 8 月 8 日）前后获；田在半山清明（4 月 4 日 ～ 4 月 6 日）前后种，处暑（8 月 23 日 ～ 8 月 24 日）前后获，田在高山及箐地者谷雨（4 月 20 日 ～ 4 月 21 日）前后种，白露（9 月 7 日 ～ 9 月 8 日）前后获；总量土之高低气之寒暖为宜，不能拘一定也厅地所种"，这段话说的是仁怀水稻的下种和收获时间的不同由稻田所在地势的不同而决定，也反映了云贵高原气候垂直变化显著的特征。

（4）1940 ～ 1985 年气候变化　这段时期仁怀灾害频发，其中发生了 5 次霜冻害和 1 次晚春大雪加浓霜，遵义地区在 1950 ～ 1985 年的 35 年里，发生了 8 次较为严重的冻害，使农作物、林木以及邮电、交通、供电设备均受到不同程度的影响。另根据 1951 ～ 1975 年全国寒潮年鉴记载，贵州在这 25 年内共出现不同程度的寒潮和冷空气 158 次，平均每年出现 6.3 次。雪灾和低温冻害往往与气候降温期相联系，因此仁怀乃至贵州省在这一时间段属于寒冷期。

（5）1985 ～ 2014 年气候变化　从 20 世纪 80 年代末开始，西南地区气温相继变暖。目前，与我国大部分地区一样，西南地区的气温处于一个偏暖的阶段。姚正兰利用遵义市红花岗区 1951 ~ 2001 年平均气温、最高最低气温等资料，对 51 年气温的长期变化趋势和年际变化做了较为全面的分析，发现这 51 年内遵义市平均气温、平均最低气温呈上升趋势。周洋通过茅台镇沉积硅藻的分析推测气候演化过程，从硅藻段分析来看，最近几十年里茅台镇的气候处于一个较平稳的温暖期。

（6）2014 ~ 2070 年气候变化　这个未知数很大，因为人类活动对气候影响越来越大。数据显示，2015 年 4 月 1 日，仁怀最高气温 32℃，而 7 日的最高气温才仅仅 10℃，随后气温又快速回升到 30℃，到 23 日左右再度骤降到最高 14℃。气温差异过大为何导致出酒减产呢？白天气温逐渐升高后产酒优势微生物好不容易开始聚集和繁殖，但夜间温度骤降，微生物就会死掉，这就会导致产量减少。那么有没有可能改变酿酒受到气候影响的情况呢？这个实际上也是可以研究的，比如在小范围的酿造空间里面控温控湿，让微生物生长繁衍不受气候异常影响，这个是可以做到的，只是需要进一步研究对酒体质量的影响。

七十八　儿童千万不能饮酒！

2015 年 4 月，攀枝花市民王某带着两岁的儿子小林去朋友家做客，王某的三名朋友一直逗小林喝酒，结果，小林在喝下差不多二两白酒后昏睡不醒，两天后因急性酒精中毒抢救无效身亡。

大人拿着筷子在杯子里蘸酒，让孩子舔一舔以表示慈爱，孩子抿上一口因辛辣而吐舌头，让家长感到非常可爱，在饭桌上经常能看到这样的画面，可上述事件却给家长敲响了警钟。儿童饮酒害处很大，对生理和心理都有很大的影响，必须要禁止。孩子正处在生长发育期，身体各部及内脏器官还不成熟，此时饮酒危害远大于成人。

1. 儿童喝酒影响消化系统

饮酒后，首先受到伤害的是孩子的消化系统。儿童的肝脏发育还未成熟，对酒精的解毒能力很差，喝酒会使肝功能受损，酒精的刺激性对胃肠消化伤害也很大，会引起消化不良。

2. 儿童喝酒影响大脑发育

人体的神经系统对酒精极为敏感，少年儿童经常喝酒，影响大脑发育，以至反应迟钝，记忆力下降，还可能出现失眠、多梦、幻觉等精神障碍疾病。

3. 儿童喝酒影响生殖系统发育

对男孩来说，酒精会对发育期的睾丸有很大的损害，轻的使发育减缓，严重的会造成成年后的不育。对女孩来说，酒精也会影响性腺的发育，使内分泌紊乱，在青春期到来时，容易出现月经不调、经期水肿、痛经、头痛等现象。

4. 儿童喝酒妨碍身体生长发育

儿童处在长身体的发育阶段，体内各器官的发育尚未成熟，酒精会延缓、阻碍他们身体的正常发育。经常饮酒的儿童，其成熟期会推迟 2～3 年。

5. 儿童喝酒容易患病

由于儿童体内各器官比较娇嫩，经不起酒精的刺激和毒害，所以容易产生胃炎、胃溃疡、脂肪肝、糖尿病和急性胰腺炎等病症。

与禁烟相比，我国对未成年人禁酒的宣传少之又少，不少成人意识不到饮酒对儿童的伤害。加之一些地方酒风浓厚，一些家长甚至纵容孩子饮酒。这一现状充分说明，我国的相关法律存在欠缺之处。

虽然我国已颁布《中华人民共和国未成年人保护法》和《酒类流通管理办法》，但法律对禁止未成年人饮酒并没有明确规定。反观国外，不少国家明确禁止未成年人饮酒。比如，日本规定，年龄不满 20 岁者，不得饮用酒类。法国规定，18 岁以下的未成年人不得饮酒。美国规定，年满 21 岁才能饮酒。我国应该尽快加强对禁止未成年人饮酒的立法。

七十九、白酒酒庄在继承传统的创新中引领产业发展

2014 年 3 月 25 日，中国酒业协会白酒酒庄联盟在四川泸州成立，这被业界人士认为，拥有几千年历史的中国白酒也从作坊式向庄园式发展迈出了步伐。中国酒业协会理事长王延才介绍说，现代白酒酒庄在原粮基地建设、工艺保护、科技进步、品质提升、包装设计、品牌塑造、等级评定等方面有严格的指标，

使白酒酒庄更加符合现代市场需求和适应消费者观念变化。

1. 酒庄是产业发展的必然产物

据相关部门最新数据显示，仁怀全市白酒大小作坊 1700 多家，现有规模白酒企业 81 家，占全市持证企业 293 家的 27.6%，其中，有生产许可证的白酒企业年产值在 2000 万元以上的 77 家。2014 年的仁怀白酒小作坊大多数都处于停工状态，规模企业也在艰难中前行，在这个大浪淘沙的环境下，必然会淘汰一批小作坊，催生白酒企业规模化、集约化、精细化发展，所以白酒酒庄的优势就体现出来了。天士力集团早在 2012 年初就摸到了行业发展的脉搏，在仁怀名酒工业园建设国台酒庄，当年建设，当年投产，形成了传统的国台酒业、创新的国台酒庄并行发展的国台酒业集团。从全国白酒行业全局看，为什么 2014 年中酒协在四川泸州成立白酒酒庄联盟？这也是为了促使中国白酒从作坊式向庄园式发展。在白酒寒冬的调整期，只有销售渠道畅通、质量过硬、技术先进、资金厚实的规模型企业才可能在这个调整中存活。

2. 酒庄的传统工艺继承

在一些成熟的酒庄，一直都是对传统工艺进行继承与研究，并没有改变工艺，创新的是在设备自动化、节能降耗和环境谐调保护方面。某些专家认为，国内已经出现的某些酒庄，其实只是对酒庄模式的粗浅复制。部分中小白酒企业所推出的酒庄，仅仅在于仿古化、庄园化或以其作为接待用途，远未达到真正酒庄化的标准。笔者认为酒庄强调的保护工艺不等于完全仿古，而是要体现工艺继承中的科技进步、环境保护和生态和谐。

3. 酒庄的创新发展

中国白酒酒庄是产业发展的必然产物，强调的是传统工艺的继承保护，也强调科技创新发展和品质提升。白酒产业一直以来"散乱小"与"有序大"并存，经历了 2012 年以来持续的寒冬，如何进一步逆势前行，白酒酒庄给出了很好的答案。白酒酒庄旅游及服务标准、白酒酒庄质量保障标准体系、白酒酒庄生产控制标准、白酒酒庄建设标准、白酒酒庄管理标准、白酒酒庄工作标准这六大标准体系，也将为中国酒庄的发展前行保驾护航。白酒酒庄将在继承传统的创新中引领产业发展！

八十、川黔两省白酒合作，这些成员你都知道吗?

2015 年 6 月 16 日，四川省经济和信息化委员会、贵州省经济和信息化委员会共同签署《川贵两省白酒产业合作会议备忘录》。"从历史、政治、经济、文化等因素来看，两省白酒产业都有很好合作基础，加强合作，可共同引领白酒产业走出（行业）困境。"贵州省经济和信息化委员会主任李保芳说。据悉，双方将通过加快企业间、政府间、企业与政府间的行动联合、资源整合，推进两省白酒产业全面合作，共同打造具有世界知名度和国际影响力的白酒区域品牌。

下面我给大家介绍下川贵两省比较有特色的酒企成员。

1. 川酒

川酒，以产量大和知名品牌众多而闻名国内外。厚重的历史背景以及独特的酿造工艺也为世人津津乐道。其中，五粮液、泸州老窖、郎酒、沱牌曲酒、水井坊、剑南春六大名酒企业更是被誉为"六朵金花"。

五粮液集团有限公司的成名产品"五粮液酒"是浓香型白酒的杰出代表。它以高粱、大米、糯米、小麦和玉米五种粮食为原料，以"包包曲"为发酵剂，经陈年老窖发酵，长年陈酿，精心勾兑而成。它以"香气悠久、味醇厚、入口甘美、入喉净爽、各味谐调、恰到好处、酒味全面"的独特风格闻名于世。在川酒以浓香为主的氛围下，酱香也点缀其中。位于古蔺县的四川郎酒股份有限公司生产的郎酒就属于酱香型白酒。其特点为酒液清澈透明，酱香浓郁，醇厚净爽，入口舒适，甜香满口，回味悠长。

2011 年 8 月 27 日，中国酒类流通协会和四川省酒类流通协会等联合主办的"川酒新金花"授牌仪式暨四川白酒品牌发展在成都举行。绵阳丰谷酒业、宜宾红楼梦酒业、四川金六福酒业、四川金盆地酒业、泸州国粹酒业、绵竹东圣酒业等六家川酒二线品牌企业被正式授予"川酒新金花"称号。从此，川酒军团中便正式多出了"新六朵金花"。

2. 黔酒

川派白酒实力强劲风头正盛，四川酒企抱团甚密。黔派白酒，为何声势不及川派？可能因黔派白酒企业联系不紧密，虽有茅台坐镇，但习酒、国台、金沙、珍酒、董酒、青酒、贵州醇、鸭溪、湄窖、贵酒等诸雄，虽各有绝技却少相往来。

不论是川酒六朵金花和新六朵金花，还是黔酒的茅台和其他诸雄，都是中国白酒的一分子。川黔白酒企业需要认清现状，抓住川黔白酒合作的大好机会，充分发挥好政府引导、企业主抓、协会和社会组织共同参与的作用，紧紧结合当前白酒产业发展所面临的困难问题，贯彻落实中央"一带一路"倡议构想，力争在区域品牌建设、区域产业资源整合、名酒企业合作发展等方面首先取得成效。

八十一、如何让 80 后、90 后爱上白酒？

2015 年 6 月，央视市场研究股份有限公司发布行业报告，该报告指出，在白酒的重度消费者（每天至少喝 1 次白酒）中，53% 重度消费者的年龄在 45 岁以上，只有 47% 的人年龄在 45 岁以下。因此央视得出结论，我国白酒消费后继乏人。

1. 如何让 80 后、90 后爱上白酒？

首先，白酒的辛辣往往让 80 后、90 后敬而远之，而啤酒、洋酒迎合他们的口感；其次，在中西文化有机交融中成长起来的 80 后、90 后，骨子里充满了时尚、前卫等元素，葡萄酒等以时尚为代表的酒水正好满足了这一需求；再次，80 后、90 后学历高、知识面广，更加注重科学、合理的饮食，选择也挑剔。就此可以看出，白酒要想拥有 80 后、90 后，必须从口感、文化、形象等各个方面加以创新，才能赶上时代发展的潮流。

口感创新是一个重要的因素，中国白酒经过这么多年发展，已然形成了 12 大香型为主流的体系，然而这些香型在 80 后、90 后中完全没有概念，他们更多的是讲究好喝、好看，有时尚感。面对这一情况，白酒生产企业就必须改变口感的固有酒体设计思路，加大创新。例如国台开发了五彩国台系列酒，是以优质酱香型白酒为基酒，配合青柚、葡萄、石榴、杨梅、黑加仑等新鲜浓缩果汁，以完美的比例配制出果香纯正、舒顺谐调、缤纷艳丽、赏心悦目，并保持酱香型白酒的独特风格的配制酒。这一系列酒，好看，好喝，时尚，健康，又有个性化，容易让 80 后、90 后接受。

2. 中国白酒必须做好的两个培训

（1）接班人的培训 以 80 后、90 后技术人员为代表。白酒技术圈的人才断档十分严重，特别是青年技术人才的缺失，实际上，80后在白酒技术圈基本上没有话语权，90后更是难见踪影。青年科技人才处于创造力最旺盛的时期，他们朝气蓬勃，对技术、科研有很大的热情。但由于知识积累不足、影响力和知名度不够等原因，青年白酒技术人才难以获得相关的政策支持，很难获得相应的科技资源。这不利于调动青年科技人才的积极性，影响白酒行业整体科技创新步伐。对于处于成长期的青年白酒科技人才，应侧重考察其科研潜力，不应过多强调出成果的数量；对有特殊专长、特殊贡献人员的评价，应敢于打破学历、资历、职称、身份的限制，使他们能集中精力投入科研活动。这一批80后、90后的技术人才成长起来，更能了解80后、90后消费者的心理，体会他们对白酒消费新的需求。

（2）消费者的培训　特别是80后、90后消费者的培训。钟杰老师等认为"给懂酒的人酿好酒，给好酒找懂酒的人"，说的就是要培育懂中国白酒的消费大众，否则，中国白酒的消费难以为继。目前，80后、90后新的消费群体正在成长，酒业发展任重道远。我们应切实变革白酒传播方式，更多地将白酒文化及蕴含的精神和饮酒的人文关怀融入白酒这一滋味丰富而又回味无穷的载体中。不论技术创新做得再好，白酒文化再怎么精深，若消费者对白酒的识别力低级，那么白酒带给消费者的感受也仅仅是低级的感官刺激。"白酒消费的是优美滋味"，这点要清晰地告诉消费者，让消费者了解白酒的品质内涵，让80后、90后消费者真切感受到实实在在的白酒文化滋养。

八十二、如何用浅显易懂的方式来让消费者了解白酒？

前一段时间，有朋友问我，葡萄酒的消费教育相对白酒而言似乎要更平易近人和成熟，比如对口感的描述会有诸如板栗的味道、黑加仑的味道，等等，这让消费者容易产生亲切和浅显易懂的猜想。而白酒的描述都是口感绵柔等专业性很强的术语。现在白酒行业都在倡导以消费者为导向，然而在诸如此类的消费者教育上，有没有什么提升空间？如何用让消费者熟悉、浅显易懂的方式来让消费者了解白酒？

在这里，我先给大家普及下白酒的十二大香型及其代表。看到这里，朋友们可能有点晕乎了，这么多香型，怎么分得清楚？那么我再给大家讲几个口感的评语，比如说酱香型白酒的评语："酱香突出，优雅细腻，酒体醇厚，回味悠长，空杯留香持久。"这几个字，您看晕了吧，什么叫做优雅细腻？什么叫做酒体醇厚？什么叫做空杯留香持久？这些词语很干巴巴，你根本就无从体会其中奥妙。

如果光讲香型及其特点，恐怕很多消费者都记不住，所以我觉得让香型直接和酒的品牌对应起来，是最直观的联想，一说到酱香，就联想到这是茅台酒的味道，至于说详细的评语分项，可以留到以后慢慢体会。酱香型又称茅香型，以贵州茅台酒为代表；浓香型又称泸香型，以四川泸州老窖、江苏洋河大曲为代表；清香型分三种，大曲清香以山西汾酒、河南宝丰酒为代表，麸曲清香以北京牛栏山二锅头和红星二锅头为代表，小曲清香以重庆江津酒、云南玉林泉为代表；米香型以广西三花酒为代表；凤香型以陕西西凤酒为代表；药香型以贵州董酒为代表；豉香型以广东玉冰烧为代表；芝麻香型以山东景芝白干、扳倒井为代表；特香型以江西四特酒为代表；兼香型分两种，酱兼浓以湖北白云边为代表，浓兼酱以安徽口子窖为代表；老白干香型以河北衡水老白干为代表；馥郁香型以湖南酒鬼酒为代表。

现在，十二大香型大概是个什么味道，您应该有个大致印象了。接下来我就几个香气的感觉先给大家讲一下。喷香：扑鼻的香气，如同从酒中喷射而出。入口香：酒液入口后，感到的香气。回香：酒液咽下后才感到的香气。余香：饮后余留的香气。悠长、绵长：都是常用来表示酒的余香和回香的形容词，即香气虽不浓郁却持久不息。谐调：酒中有多种香气成分，但又不突出一种而和谐一致。浮香：香气虽较浓郁却短促，使人感到香气不是自然出自酒中，而有外加调入之感觉。陈酒香：也谓老酒香，酒的长期储存中形成的成熟香气，醇厚、柔和而不烈。固有香气：该酒长期以来保持的独特香气。焦香：似有轻微的焦烟气而令人愉快。异香：指异常的使人不愉快的气味。刺激性气味：刺鼻或冲辣的感觉。臭气：金属气、各种腐败气味以及酸气、木气、霉气等使人不愉快的气味。

实际上，上述对香气的描述，已经是比较贴切了，但是要让消费者能够体会，还是需要亲自去尝试品评的。白酒中的一些化学成分的味道，也可以用比较形象、贴切的词来描述，例如辛酸乙酯是梨子香，壬酸乙酯是苹果香，癸酸乙酯是菠萝香，戊醛是青草味，2-甲基吡嗪是烤面包香，2,3-二甲基吡嗪是烤玉米香，苯乙醛是玫瑰花香，丁酸是汗臭，等等。因为白酒中的诸多香气是与化学成分相关联的，所以只要记住了这些单体香味，也是有助于对酒体整体风格把握的。

八十三、一辈子做人做酒

——我所认识的季克良老先生

2015 年 8 月 24 日，各大媒体都大肆报道了茅台进行重大人事调整的新闻，多着眼于茅台总经理的更换，与此同时对茅台的精神领袖季克良老先生正式宣布退休却着墨甚少。酒界同仁对此都感慨万分，本来对于我这样的晚辈，是没有资格来写季老的事情，但是出于对老先生的崇敬，也来聊聊我和季老接触过的二三事。季克良，1939 年出生，1964 年毕业于无锡轻工业学院（现江南大学）食品发酵专业，作为分配到贵州茅台酒厂工作的第一批大学生，曾从事茅台酒的生产技术、科研、质量管理、党务等工作。曾经集贵州茅台酒厂党委书记、董事长、总工程师于一身，2011 年 10 月任贵州茅台酒厂（集团）有限责任公司名誉董事长，2015 年 8 月 24 日正式宣布退休。

1. 平易近人念故交

第一次见到季老，应该是在 2012 年 9 月的贵阳酒博会上。在这次大会上，我在贵州著名白酒专家方长仲老师的带领下，去拜访了很多酒界的前辈专家。方老和季老是几十年的交情了，同为七十多岁的酒界老前辈，在工作中结下了深厚的情谊。季老也是个很讲感情的人，对于老朋友特别的热情，所以在酒博会上一见到方老就马上握手，非常高兴。"老方，你最近身体怎么样？看起来精神很好嘛！""还可以，喝你的茅台酒身体好，哈哈！"两位酒界的前辈在看似简单的话语中透露着深厚的感情。"老季啊，这个小邹是个搞酒的博士，你多教教！"当方老把我引荐给季老的时候，我紧张得不知道该说什么，只好礼貌地鞠了个躬说"季总好！"。季老看着我笑笑，握了握我的手，非常平易近人。这是我第一次结缘并尝试拜师季老。

2. 桃李天下育英才

季老作为茅台酒厂第一批大学生，对于人才的培养十分重视，不仅培养了一大批专业素质高的人才充实到茅台酒厂的各个关键岗位，还亲自指导过至少3位博士。大弟子郭坤亮博士，60后，茅台酒厂的第一位从事技术的博士，一直跟随季老进行了大量的茅台酒工艺技术研究，现任茅台酒厂副总工程师；二弟子汪地强博士，70后，也是我川大的同门师兄，跟随季老完成了酱香型白酒国家标准的制定，现任茅台酒厂国家级技术中心副主任。还有就是我这个编外弟子邹江鹏，80后，留法归国博士，这个是怎么来的呢？刚才已经给大家讲述了我第一次经由著名白酒专家方长仲老师推荐，拜师季老的故事，其实这种努力我不止一次尝试。下面再讲一下由贵州食品工业协会（简称贵州食协）会长庹文升老先生推荐拜师季老的故事。2013年1月的一次重要活动上，我再次有幸与季老相见。这里我再次遇到了生命中的贵人，原贵州省委常委、中国食品工业协会（简称中食协）副会长、贵州食协会长庹文升老先生。庹会长对我较为熟识，作为贵州食品行业协会的掌门人，他也非常重视白酒行业人才的培养。因此在活动的宴会上，当我向庹会长敬酒的时候，他一下子转过头对坐在旁边的季老说："季老啊，贵州有茅台是好事，但不能只有茅台啊，你要多带几个像小邹这样茅台以外的徒弟，让这些博士们把酱酒发扬光大！"季老还是那么微微一笑，点点头："好好干，年轻人，世界是你们的！"

3. 行业泰斗指方向

此后，我常常通过电话、短信向季老汇报自己的工作学习，落款总是"您的学生邹江鹏"，也每每得到季老的鼓励，加上参与协会的各种标准、技术工作的制定，我与季老的接触越来越多。在制定《酱香型白酒技术标准体系》的过程中，我深刻体会到了季老对技术的严谨和对行业的指引。贵州酱香型白酒企业在省质监局的指导下，由贵州大学、茅台集团等贵州省内主要白酒科研机构、生产企业多次开会共同讨论，历时2年，于2014年1月9日发布了全国首个酱香型白酒技术标准体系，其中有65项标准。而酱香型白酒年份酒标准《陈年酱香型白酒生产管理规范》在经过多次讨论后最终没有达成一致，没能进入该标准体系，该标准引起争议的是"勾兑过程使用的主基酒酒龄应不低于产品标示的年份，且主基酒比例不低于50%"，也就是说标识为10年的年份酒，其中 10 年的基酒必须达到 50%，这个标准没有得到一致认可。当大家一直争议不下的时候，季老一语定乾坤："年份酒的标准，如果这样制定，茅台酒厂是肯定没问题的，但是其他酒厂怎么办？我们要考虑贵州其他企业的实际情况，我认为还是不要把年份酒的标准纳入这个地方标准体系为好。"在每一次开会审定标准的内容时候，季老甚至对于每句话的语法，每一字的正误都仔细审定，从这里我看到了一个真正的行业泰斗治学的严谨！

4. 仙风道骨飘酒都

为了进一步学习酱香型白酒的技术，我也把工作重心转移到了茅台镇。在仁怀，我多次看到季老衣着平凡朴素，仙风道骨地在街上路过，每次我向季老打个招呼，他也很热情地回以一笑，给人的感觉就是邻家的老爷爷一般。有一次，一张满头银发的季老和夫人手挽着手走在仁怀大街上的照片引爆了朋友圈，大家都由衷地发出赞叹，季老在做酒方面绝对是行业泰斗，在做人方面，也堪称楷模。季老夫妇的这种相濡以沫、白头到老的感情，是我们所有人都崇敬和羡慕的。季老就是这样用了一辈子的时间去酿一瓶酒，用了一辈子的时间去做一个人！祝愿季老在今后的生活中健康长寿，继续指引中国酱香型白酒前进的方向！

泰山北斗季克良，仙风道骨美名扬，

酱酒宗师同天地，千年茅台万年香！

八十四、张良大师的言传身教

我很幸运，做酱香酒的时候，能够受到茅台集团季克良大师的指导，而转做浓香酒的时候又能够拜入泸州老窖集团张良大师的门下。跟随张良大师的日子里，是我成长最快的时候，也让我逐渐对白酒行业的智能化发展充满了希望。

张良，男，生于 1965 年 11 月，汉族，四川富顺人，教授级高级工程师，博士生导师，首届中国酿酒大师，泸州老窖集团有限责任公司党委书记、董事长，国家级张良酿酒技能大师工作室领办人，国家级非物质文化遗产代表性传承人，享受国务院特殊津贴专家，中国食品工业协会常务理事，中国白酒专家委员会委员，中国酒业协会副理事长，四川省专家评议（审）委员会委员，四川省学术技术带头人，四川省杰出青年学科带头人，四川省第五届杰出创新人才，四川省法学会副会长，泸州市企业家联合会，企业家协会会长。

1. 拜入门下

我 2011 年刚进入白酒行业的时候，张良大师的名号就如雷贯耳，当时就想如果有一天能够成为他的徒弟那该多么好。2016 年我在从事白酒智能化研究过程中，遇到了很多难题，于是乎就想到是不是可以去高校再深造下，解决自身知识储备和行业尖端难题。当时首选就是江南大学，这个学校是季克良、徐岩等一大批白酒知名企业家、专家的摇篮。在一个偶然的机会中，张良大师与我在某个学术会议上相见，他对于白酒智能化也兴趣浓厚。于是在一次次交流中，明确了泸州老窖集团与江南大学联合培养博士后的模式，2017 年 1 月我有幸成为张良大师的博士后，从事《大数据支撑智能调酒》课题研究。

这个课题建立的系统将是一个高智能化的、能将专家的感官鉴定与酒中微量香味成分的多少和量比关系有机结合起来，对各香型白酒内在质量作出正确、综合、科学判断，能够克服传统的"只可意会、不便言传"的感官评酒方式的种种弊端，能够使评价鉴定快速、方便、准确；融合分析数据，可以确保酒质评价的一致性、提高优质酒的质量；可以改善勾兑、调味工作的条件，大大减少品尝次数，缩短勾兑、调味周期；系统具有总结、提高、学习的能力。

2. 言传身教

在我心中，张良大师是一个像父亲一般慈祥的师傅，也是个对于学术问题很较真的学者。由于我们这个课题数据采集量很大，而工作人员又很有限，我们用了近红外测试、核磁共振波谱检测、气相色谱-质谱检测。每个酒样测试对应的成分有近百种之多，比如说酯类就有甲酸乙酯、乙酸乙酯、丙酸乙酯、异丁酸乙酯、乙酸丙酯等。在测试数据的基础上，对基酒图谱进行计算，得到一种新的白酒图谱相似度（系数）的计算方法，结合白酒成分的特性，采用非负矩阵分解和K均值聚类算法等方法，对给定的白酒图谱特征进行分类。这些测试枯燥而又重复，光基础数据就有几十万个，还要反复进行各种数学模型运算、人工智能算法模拟，这又衍生出几十倍的数据量，这在过去完全是不可能实现的。

面对这个困难，老师说正是因为数据量巨大，研究内容尖端，所以才应该迎难而上，任何一个数据的疏忽都会导致研究的误差。很多时候，他和我一谈研究课题就是2个多小时，而想找他汇报工作的各个子公司高管根本就不可能得到这么多时间的交流。老师总是说他是一个烤酒匠，中国白酒科技化的担子就交给我们了，可是我觉得他的学术水平，已经达到了很高的境界！

在为人方面，老师极为谦逊，对自己要求也很严格。我有一次和他在泸州开完会，要去另外一个地方，我正准备打电话给他的司机，他却拦住我，说今天是周末没有带车来，让别人也好好休息下，我们打个出租车就可以了。当时我就震惊了，身为千亿泸州老窖集团的董事长，竟然为了司机周末可以休息下，宁愿自己坐出租车。这个小事，对我的影响非常之大，为人谦逊、严格要求自己也成为我人生中的自律要求。

老师提出要建立一个中国传统白酒大数据库，把它放到云端，让人们自己可以"炫"，怎么"炫"？就是自己炫自己，自己调酒，每一种成分都清清楚楚，消费者通过互联网、通过大数据，可以设计自己喜爱的酒品，从最小的数据库开始去建立，使它的酒体符合当下更多的需求，比如"三人炫"酒，就是大数据智能调酒在产品上的直接应用。

3. 重任在身

智能调酒这个课题，结合了大数据质量评定和人工智能等技术，国际上研究不多，可参考的资料更少，但是我们硬是通过反复的测试研发，得出了让国际同行都惊叹的成果。2018年10月22～23日，在日本鹿儿岛大学召开了"2018国际酒文化·科学技术学术研讨会"，与会的全部都是国际上知名的酒类研究专家。会上我做了《大数据支撑智能调酒技术研究及应用》的报告，全程英文

口述，对于智能调酒的最新研究成果进行了汇报，结果引起了在座的国际专家的一致关注，好几个专家提出了很多感兴趣的问题，大家都惊叹中国白酒的智能勾调技术已经如此先进成熟，特别是有些国际学者还表示一定要来中国学习下我们的智能调酒技术。日本人向来是只佩服强者的，这也代表了我们的技术水平的确达到了国际领先，值得我们自豪！

随着中国白酒的技术进一步发展，智能化酿造一定是今后的趋势，它把人们从繁复的体力劳动中解放出来，提高生产效率，加强标准化、数字化，缩小人为带来的差异因素，提升酒体质量，并且能够运用人工智能自我学习。中国白酒一定能够在智能化技术方面遥遥领先！

八十五、白酒技术人才的断代危机

有一个我思考了很久的问题，终于不得不说，那就是白酒技术人才的断代危机。

1. 招不进

中国白酒是一个非常传统古老的行业，几千年来一贯都是以经验为主，所以从业的人员学历、素养要求没有高新科技行业那么高。

在过去的几十年里面，酒厂从来就不是大学生的首选，茅台酒厂在1964年引进的季克良等第一批大学生，还是周恩来总理亲自关心才招进来的。季老对于茅台酒厂的贡献，我自不必多说，将茅台酒的很多经验化的东西，上升为理论，让更多的人知晓理解。仅以贵州为例，贵州的其他酒厂也就是近十年左右，才有大学生成批量地进入酒厂，但是从现在的情况来看，如果有更好的选择，酿造专业的大学生宁可换专业考研，考公务员，甚至转行做销售，也不愿意在酒厂工作，这个现象现在比较普遍。

2. 留不住

（1）环境偏　没有在酒厂工作过的人，是不能体会酒厂留住大学生的困难的。酒厂的地理位置偏僻，大多数是在小城市或者山村里，即使是如茅台酒厂这般实力雄厚，也还是在贵州省仁怀市茅台镇这个小山沟沟里面，这是由于酿酒所需要的环境所决定的。茅台酒厂招大学生，现在倾向于本地人，这也是为了能够留住。大学生，多半是在北上广等大城市上的大学，见惯了光鲜亮丽的生活，突然一下子到了山沟沟里面，是很难适应的。特别是家庭条件较好的，更不会来，只有农家子弟愿意来。茅台镇，中国酒都，外地大学生基本上都是驻厂的，一年也去不了市区几次，唯有与网络相伴，业余生活极其贫乏。

（2）待遇低　也是留不住的一个重要问题。普通大学生技术人员，在酒厂的工资收入开始一般是3000～4000元，这个貌似已经不低了。但是那些一开始就去销售系统的大学生，只要业绩好，工资加提成可能就是十万以上，而且生活丰富多彩。

（3）地位低　其实这个也是很多企业问题的共性。在中国，长期的思想就是要学而优则仕，吃官家饭，而白酒企业多数是民营私营，国企很少。大学毕业生希望考公务员和事业单位，即使再进一步深造研究生也多半是为了毕业后考公务员和事业单位。在民营酒厂的大学生，与那些进入国家机关和事业单位的同学相比，自然觉得低了几个级别。

3. 沉不下

沉下心来，练好技术，这几句话说起来很容易，可是对于大学生做起来是极为困难的。品评、勾兑，往往是几十年经验的积累，是从重复的工作中获取经验。对于大学生来说，要他们花费一年做重复的事情可以，十年则大多不愿意。大学生，作为知识素养都很高的群体，的确容易眼高手低，但是这也与行业的从业者素质不高有关。往往老师傅心里面就有一种先入为主的感觉，觉得学生们只会纸上谈兵，完全没有实际能力，也就不去传授经验给他们。其实，在茅台集团这种情况要好得多。为什么？因为茅台集团的现在这一批技术领导，已经是当年季克良老先生这第一批大学生带出来的本科甚至硕士博士了，他们自身的成长经历，已经给予了培养后备高学历技术力量以很丰富的经验。例如茅台副总经理、总工程师、中国首席白酒品酒师王莉是硕士学历，她就经常从理论、感官方面给技术中心的硕士、博士们讲课。

反观贵州乃至全国其他中小白酒企业，培训机制不健全，多半还是本着师傅领进门修行在个人的路子，老师傅一方面讲不出口感与化学成分的关系，另一方面也不喜欢和高学历的学生打交道。白酒的品评、勾兑，如果没有人提点，那么可能一年也没有半点进步，但是如果有人点拨，是可以事半功倍的。我就知道，有朋友到茅台镇想来学习品评、勾兑，结果给老师傅当了两年的徒弟，就干了些打扫卫生、端茶递水等杂事，其他的全靠自己去看，结果灰心地走了。

当然，高学历不代表高能力，如果学生们更加虚心一些，更能沉得住一些，培训机制更加健全一些，老师傅也更加愿意教一些，这也是能够留下和带出好学生的。当年季克良先生不也是跟着茅台酒厂的老师傅们学习的吗？然后他又把理论、实际经验传授给了更多大学生，也就是这些在任的大学生技术领导，然后又传给了现在的博士、硕士徒弟们。而且，茅台也并不吝啬把知识传给外界，季克良老先生不也收了我这个编外博士弟子吗？实际上，我现在的品评、勾兑水平，也大多数是从老师傅那里学来的。

4. 冒不出

2013年5月21日，贵州省食品工业协会主办的贵州省第七届白酒评委专家组成立暨工作会议上，我作为参与者也亲自见证了行业专家的忧虑，几位七十多岁的老专家一致表示要退下来，但是由于没有后备年轻人才能够接上，导致最后青年专家的年龄建议划定为 45 岁以下。

实际上我提出的白酒行业青年技术人才"招不进、留不住、沉不下、冒不出"的问题，行业主管领导已经注意到这一现状，从中酒协、中食协等到地方协会，都在积极研究解决问题的方法，例如中酒协标准委员会吸收青年专家，贵州省酿酒工业协会在 2015 年 8 月份举办的省评委换届工作中，充分考虑授课专家老中青结合，而且选拔出的省评委也呈现老中青年龄结构合理的状况。这说明，只要重视青年白酒技术人才的培养，给予他们适当的学习、生活、工作条件，中国白酒行业的青年技术人才还是大有希望的！

八十六、从洋河微分子酒看技术与营销

洋河的微分子酒一上市就引起了极大的关注，这是好事，从技术工作者的角度来看，这远比搞什么同质化的降价营销、关系营销等要有用得多，打价格战也好，拉关系也好，都是销售中非常重要的手段，但都是趋于同质化，可是这次洋河的微分子酒横空出世，通过差异化、科技化的手段，完完全全给白酒的销售体系和技术体系从业人员都好好上了一课。

1. 初步解读微分子酒

（1）关于微分子的概念　从现在已有的报道来看，洋河微分子酒最大的优势就是酒体中的分子非常小，不上头、醒酒快，且含有许多活性微量成分，酒质既丰满绵柔，又具有低醇、多饮不醉的特点。我想从小分子水的概念让大家理解微分子酒，关于小分子水大家都知道，是通过温度、压力或磁场等各种外界作用，导致氢键的断裂，水结构会发生变化，将大的水分子团变小，从而有利于人体吸收，利于健康。但关于微分子、小分子酒，行业内相关的报道极少有，所以洋河微分子酒是技术创新的产物。

（2）关于白酒的口感与分子大小的关系　白酒在老熟过程中发生的物理变化包括酒分子的重新排列和挥发。酒分子的重新排列过程也是各组分子契合达到平衡的过程。白酒中自由度大的酒精分子越多，刺激性越大。随着储存时间的延长，酒精分子、各呈香呈味分子与水分子间逐渐构成大的分子缔合群，酒精分子受到束缚，活性减少，在味觉上便给人以柔和的感觉。洋河通过酿造工艺的改革，生产的微分子酒既能够达到酒体分子小，又能够保证酒质的丰满绵柔，这应该是技术上的一大创新。

（3）关于微分子酒的技术过程实现　从报道来看，洋河股份掌握了健康微分子的形成机理，通过对传统白酒发酵工艺进行了革命性调整和创新，在自然发酵过程中实现了健康微分子物质的生成。那么这种微分子是产生于发酵过程中，而不是在酒体勾兑后期的处理过程中。就现有的学术文献报道来看，有的小分子酒生产是通过超高压、超声波等物理处理手段，把酒体中聚集的十几个水分子团打散成为几个水的小分子，从而增加水分子与酒分子的接触缔合机会，可以促进酒体的老熟，降低刺激性，减少上头的可能性。但是这都是在后处理过程中，而不是在发酵过程中，所以洋河实现了在酿造环节自然发酵生产微分子酒，这一技术过程的实现是白酒行业技术创新的重大成果。

2. 技术与营销要相互结合

不管是丰谷的低醉酒度概念也好，还是这次洋河的微分子酒也好，为什么总是品牌营销部门来阐述技术？这是技术体系要深深思考的问题。我在不同的场合都在提一个概念，技术要和营销结合起来，打造技术营销，这也是国家酒检中心钟杰老师等技术前辈们一直在致力的事业。白酒行业是一架庞大的飞机，技术与营销是左右两个发动机，营销发动机现在通过不断创新开足了马力来助推白酒行业腾飞，然而技术发动机则明显缺乏创新，马力不足。这两个发动机只有共同助力，才能推动飞机平稳快速地飞行，否则就会出现在原地打转的现象。

技术工作者往往喜欢和物打交道，喜欢理性冷静地思考，经常给别人以高傲孤僻的感觉，这与营销人员热情激昂、感染力强形成了巨大的差别。但是技术人员作为科研的主体，更有义务把科研的成果让更多的人知道，这就需要技术与营销紧密结合。

总之，洋河微分子酒的横空出世，既是技术创新的结果，也是营销差异化的结果，从现在来看市场效果非常好。通过技术来营销，通过营销再拉动技术创新，这远比单纯谈技术或者单纯谈营销要有用得多，是一加一大于二的结果。

八十七、白酒，为什么受伤的总是你？

白酒行业这几年负面新闻不断，从塑化剂、年份酒等一直到敌敌畏事件，让本就处于低谷的行业，更加蒙上了阴影。

1. 塑化剂事件

在 2012 年 11 月 19 日酒鬼酒公司被曝由上海天祥质量技术服务有限公司查出塑化剂超标 2.6 倍。酒鬼酒公司针对此事，却认为检测不够权威，甚至怀疑被检测的酒是否出自酒鬼酒公司。广州市质监局表示，白酒检测标准中没有塑化剂项目的检测要求。

2. 年份酒事件

央视 2014 年 1 月 22 日曝光了年份酒市场的造假乱象，将人们的目光再次聚焦到本就深陷低谷的白酒市场。据央视报道，有些酒厂建成才三年，就开始卖三十年的年份酒。节目中有经销商称，现在市场上的年份酒多数是在玩概念，一瓶年份酒甚至只含有几滴老酒，有的酒厂还没成立酒就已经"诞生"，白酒窖藏年份想调成多少年就调成多少年，而消费者却都蒙在鼓里。

3. 敌敌畏事件

2015 年 10 月 27 日，新京报报道，记者在北京某酒类批发市场购买了四种浓香型和酱香型白酒，分别对其样品进行了敌敌畏成分检测实验。其中一款瓶装酒，新京报记者按照国家标准检测方法进行实验，出现显色反应，意味着其疑似添加敌敌畏。不过，这瓶酒的瓶身无任何生产厂家信息，几乎可断定系假冒产品。

自从 2012 年白酒行业进入调整以来，屡次出现负面信息，一方面是由于白酒行业的企业良莠不齐，有的企业不重视产品质量控制，另一方面是由于消费者对白酒知识不了解，导致了负面信息的快速传播。如何避免再出现类似的负面新闻和传播？我觉得应该做到以下几点。

（1）加强对产品的质量控制　白酒企业应该建立质量安全追溯体系，质量安全追溯体系要记录包括产品、生产、设备、设施和人员等全部信息内容。

（2）加强及时预警　针对社会上出现的白酒行业各种负面新闻，行业内人士应该及时了解、掌握，及时纠正不正确的负面信息。

（3）加强对消费者的科普工作　白酒行业要培育懂中国白酒的消费大众，否则，中国白酒的消费难以为继。目前，新的消费群体正在成长，酒业发展任重道远。我们应切实变革白酒传播方式，更多地做好白酒技术知识的科普工作。让消费者了解白酒的品质内涵，把白酒说清楚讲明白，让消费者"明白喝酒，喝明白的酒"。

八十八、中国白酒三十年科技创新的主力是哪些？

2016年1月9日，以"奋斗与辉煌"为主题的中国食品工业协会白酒专业委员会成立30周年座谈会在北京召开。中国食品工业协会白酒专业委员会及茅台、五粮液、汾酒、泸州老窖、郎酒、古井贡、洋河等大中型白酒企业的主要领导、新闻媒体等悉数到场，规模之大，规格之高，影响之广，创行业会议新高。中国食品工业协会白酒专业委员会秘书长马勇，做了《中国白酒三十年发展报告》，重温了中国白酒行业发展历程，历数了三十年来重要成果，并对白酒行业的进一步发展做了展望。中国白酒三十年的科技创新为中国白酒发展奠定了基础，那么我们来盘点一下中国白酒三十年科技创新的主力是哪些？

1. 高等院校

（1）江南大学　江南大学的生物工程学院是我国白酒科研教学领域的权威学府，多年来致力于白酒基础科学和应用技术研究，针对中国白酒的特征风味、生物活性物质、风味功能微生物、风味化合物阈值、白酒的陈储老熟和白酒中健康功能成分等进行全面研究，对影响白酒质量和生产效率的酿造关键共性技术以及生产机制进行探索，推动白酒酿造技术的传承与创新，为白酒行业技术升级和传统产业的技术改造提供了极大帮助。江南大学副校长徐岩教授在白酒行业内享有较高知名度。

（2）北京工商大学　北京工商大学于1999年6月由北京轻工业学院、北京商学院、机械工业管理干部学院合并组建而成。北京轻工业学院创建于1958年，是中国最早建立的一所轻工业高等学校。该校在白酒方面的学术带头人是孙宝国院士。

白酒发酵酿造方面其他的知名高校还有中国农业大学、四川大学、天津科技大学、贵州大学等。

2. 科研、检测机构

（1）中国食品发酵工业研究院　中国食品发酵工业研究院是我国规模最大、历史最久的从事食品、生物工程研究与开发的科研机构。长期以来，中国食品发酵工业研究院权威专家不断采用先进技术，完善白酒微量香味组分的测定方法，深入开展名优白酒真实性研究与鉴别，对传统发酵产品的特征指标进行深入研究，完成多项国家重大科研任务和国家科技支撑计划重要课题；同时，担负国家食品质量监督检验中心职责，配合政府监管部门对产品质量和食品安全的监督检验工作，为打击白酒市场假冒伪劣产品，维护消费者权益，优化白酒行业发展环境，做出了突出贡献。

（2）中国科学院成都生物研究所　中国科学院成都生物研究所（以下简称成都生物所）成立于 1958 年，是以一级学科建所的中国科学院直属科研事业单位，也是中国科学院知识创新工程首批试点单位之一。长期以来，研究所致力于生物多样性保护与生物资源可持续利用研究，为长江上游地区生态环境建设与生物多样性保护以及战略新兴生物产业的形成与升级提供科学基础、技术支撑与决策依据。

（3）国家酒类产品质量监督检验中心　国家酒类产品质量监督检验中心于 2003 年 8 月 25 日通过了国家认证认可监督管理委员会计量认证／审查认可（授权）。2005 年 7 月，国家质量监督检验检疫总局国质检科函（2005）238 号文件批准"国家酒类产品质量监督检验中心"更名为"国家酒类及加工食品质量监督检验中心"（以下简称"中心"），于 2005 年 9 月 7 日通过国家认证认可监督管理委员会计量认证和审查认可（授权），2006 通过了国家认证认可监督管理委员会计量认证和审查认可（授权）扩项评审，授权检验的产品范围为食品、酒类和农产品，共 483 项。

3. 企业国家级、省级技术中心

为推进企业技术中心建设，确立企业技术创新和科技投入的主体地位，对国民经济主要产业中技术创新能力较强、创新业绩显著、具有重要示范作用的企业技术中心，国家予以认定，并给予相应的优惠政策，以鼓励和引导企业不断提高自主创新能力。国家发展和改革委员会、科技部、财政部、海关总署、国家税务总局负责国家认定企业技术中心的认定工作。国家发展和改革委员会牵头对企业技术中心建设进行宏观指导，并牵头负责国家认定企业技术中心认定的具体组织工作和评价工作。

1998 年经国家经贸委批准，贵州茅台最早成立了国家级技术研发中心。截至 2014 年度，贵州茅台技术研发机构已经拥有副高职称 2 人，中级职称 9 人；博士 1 人，硕士 21 人，本科 18 人；具备独立开展白酒产品技术研发能力，有力地支撑起贵州茅台市场开发。

白酒企业中的国家级技术研发中心还有宜宾五粮液股份有限公司技术中心、山西杏花村汾酒集团有限责任公司技术中心、四川剑南春集团有限责任公司技术中心、泸州老窖国家固态酿造工程技术研究中心、北京燕京啤酒股份有限公司技术中心、中法合营王朝葡萄酿酒有限公司技术中心、中国长城葡萄酒有限公司技术中心、广州珠江啤酒集团有限公司技术中心。还有很多企业拥有省级企业技术中心，例如郎酒、水井坊、四特等。

4. 企业博士后流动站

中华人民共和国人力资源和社会保障部主管全国博士后管理工作，全国博士后管理委员会办公室统一指导和具体管理全国企业博士后工作。根据《全国博士后管委会关于扩大企业博士后工作试点的通知》（人发 [1997]86 号）开展企业博士后工作的主要目的是：充分发挥博士后制度在科学技术研究、人才培养和使用及人才流动等方面的优势；逐步形成企业与设立流动站单位的合作机制，促进产、学、研结合，培养和造就适应国民经济和企业发展需要的高级科技和管理人才；为企业引进和培养高水平人才，提高企业的技术创新能力，推进企业的技术进步；推动高等学校和科研院所面向企业，加快科技成果转化为生产力。

茅台集团、五粮液集团、泸州老窖集团均设立了博士后流动站。

八十九、洋河的产品到底是不是不合格？

2016 年 2 月，湖北省食品药品监督管理局公布食品安全监督抽检信息公告

（2016年第6期），江苏洋河大曲白酒、宜昌巴人福牌外婆菜等115批次产品被曝不合格。标称为江苏洋河酒厂股份有限公司生产的洋河大曲（生产日期2013-06-20，规格500mL/瓶，42%vol）被抽检出总酯、己酸乙酯项目不合格。

我国现在浓香型白酒执行的标准是《浓香型白酒》GB/T 10781.1—2006，其中对总酸总酯明确规定标准。抽检的洋河总酯只有1.86g/L，国家优级标准是大于等于2g/L，抽检洋河己酸乙酯是1.05g/L，国家标准是1.20～2.80g/L。从这个标准来看，确实是不合格，但是这里有3点要说明一下。

（1）有可能确实是出厂前质量控制问题　所有的酒厂在成品酒出厂之前都会进行理化检测，合格了方可出品，如果没有达到标准，需要重新勾调处理。洋河这次不应该出现此种事情，如果的确是出厂质量控制时候没有检测出，需要对出厂检测更加严格把关。

（2）有可能是自然存放过程中的酯降低　浓香型白酒在存放过程中，会出现总酯降低，总酸增加的现象，可能导致出厂检验合格的总酯，时间长了也会低于国家标准，正好洋河是总酯和己酸乙酯都稍微低于国家标准，可能是存放过程中发生的，这就需要出厂时候将己酸乙酯1.2～2.8g/L标准稍微往国家上线靠一些，不要总是踩着国家标准下线。

著名白酒专家、沱牌总工程师李家民2008年发表于《酿酒科技》杂志的文章——《浓香型白酒储存过程中总酯、总酸的变化规律》的研究结果显示：浓香型白酒贮存过程中，酒精度越低，总酯减少量越多，总酸增加量越多，变化速度越快；酒精度越高，总酯减少量越少，总酸增加量越少，变化速度越慢。同一酒精度的品质高的白酒总酯减少量、总酸增加量高于低档白酒。

（3）要区分优级和一级的标准　国家标准中优级标准要高于一级标准，这次抽检洋河总酯1.86g/L，己酸乙酯是1.05g/L，虽然都低于国家优级标准，但是满足了国家一级标准，总酯大于1.5g/L，己酸乙酯在0.6～2.5g/L之间。也就是说，根据国家优级标准洋河酒这批货物是不合格，但是根据国家一级标准，这是合格的。当然，洋河在执行国标时，肯定是按照优级标准执行，这个也是必须要注意的。

由此看来，白酒企业要继续加强自身质量控制的体系建设，真实、准确、科学、系统地记录生产销售过程的质量安全信息，实现白酒质量安全顺向可追踪、逆向可溯源、风险可管控，发生质量安全问题时产品可召回、原因可查清、责任可追究，才能切实落实质量安全主体责任，保障白酒质量安全。另外，消费者和媒体也切不可盲目对于白酒企业出现的问题一棒子打死，大肆传播负面消息，要注意分清楚问题的轻重，搞清楚问题的原因，明明白白喝酒，喝明白酒。

九十、谈谈健康白酒与保健酒的几个误区

最近关于健康白酒与保健酒的话题不断，本来适量饮酒是有益健康的，而且保健酒的确有一些对健康有益的功能，但是经过某些商家放大宣传，把白酒说成了是健康神药，所以有必要对白酒与健康关系做个说明。

健康白酒的市场规模不断扩张，但目前尚未有明确的定义。在国家及行业的相关标准中，均没有"健康白酒"这种提法，按照传统白酒的定义，现有大多数健康白酒归属于配制酒，参照 GB 2757—2012 执行。GB 2757—2012 对蒸馏酒的配制酒如此定义：以蒸馏酒和（或）食用酒精为酒基，加入可食用的辅料或食品添加剂，进行调配、混合或再加工制成的，已改变了其原酒基风格的饮料酒。

健康白酒和保健酒还不能混为一谈，通常的健康白酒非保健品，属于普通食品，而保健酒必须有"蓝帽子"标识，具有一定的保健功效。普通食品不能宣称具有保健功能及疾病预防功能，因此健康白酒有关降"三高"等功能宣传实际上是有问题的。根据我国相关规定，只有保健食品才允许有涉及功效的宣传。在我国保健食品的 27 个功能宣称中，保健酒主要有 4 项功能，即调节免疫力、抗疲劳、延缓衰老、提高缺氧耐受力。

保健酒正在出台国家标准，现在大家很多沿用的都是企业标准，简单讲，在产品标准代号里面，GB 开头就是国标，Q 开头就是企业标准。在 2015 年的 12 月份，中国保健酒联盟委托劲牌公司主导，也是基于整个联盟所有的企业实际的现状，通过走访充分征求整个联盟企业的一些意见，初步出台一个保健酒的行业标准，以及生产卫生的一些规范要求，相信这个标准出台，在中国酒协最终的认定后，对于整个促进中国国内行业的发展和进步应该是一个里程碑的意义。

我国保健酒属于《保健食品管理办法》管理范畴，按规定，没有"蓝帽子"标识的保健酒都属于未通过认证的产品。保健食品产品外包装上有蓝色草帽样标志，标志下方为批准文号和批准部门。每个保健食品批准文号只能对应一个产品，发现一个批准文号对应多个产品，务必谨慎。

白酒的健康化发展方向值得肯定，但是如何客观科学地认识我国白酒中的生物活性成分、保健功效，在目前白酒发展的关键时期显得尤为重要。因为提及饮酒健康，消费者常会联系到葡萄酒，葡萄酒已经把健康形象潜移默化地传达给了消费群体，而从目前葡萄酒市场占有情况来看，外来品牌居多，所以在民族品牌集中的白酒市场，应该把推动白酒的科学研究和产品创新提高到民族品牌和文化保护的层面。白酒企业大张旗鼓地打出"健康"旗号，极有可能造成消费者的逆反心理。要让消费者接受健康白酒的概念，还需要拿出具有可信度的科学实验依据。

九十一、白酒瓶标是否标示酒曲需要探讨

2015 年重庆市食品药品监督管理局以《关于明确酒曲属性的请示》（渝食药监文〔2015〕50 号）向国家食品药品监督管理总局发函，请求明确酒曲在食品监管工作中属性认定。国家卫生和计划生育委员会作为食品标准审定部门，以复函的形式回复了国家食品药品监督管理总局。2016 年 1 月，国家食品药品监管总局向重庆市食品药品监督管理局转发了这份复函。国家卫生和计划生育委员会在复函中表示："由于酒曲在酿造过程中作为发酵菌种使用，并且在终产品不存在，不需要在终产品标签中标示。"

1. 到底什么是酒曲?

酿酒加曲,是因为酒曲上生长有大量的微生物,还有微生物所分泌的酶(淀粉酶、糖化酶和蛋白酶等),酶具有生物催化作用,可以加速将粮食中的淀粉、蛋白质等转变成糖、氨基酸。糖分在酵母菌和酶的作用下,分解成乙醇,即酒精。

原始的酒曲是发霉或发芽的谷物,人们加以改良,就制成了适于酿酒的酒曲。由于所采用的原料及制作方法不同,生产地区的自然条件有异,酒曲的品种丰富多彩。

中国白酒的酒曲不仅为酿造提供了菌种,而且是形成中国白酒风味的主要原料。

2. 质量安全追溯体系的要求

早在 2015 年 9 月 14 日,国家食品药品监督管理总局发布了白酒生产企业建立质量安全追溯体系的指导意见,要求白酒企业建立质量安全追溯体系。白酒质量安全追溯体系要记录包括产品、生产、设备、设施和人员等全部信息内容。

我曾经提到过,对于白酒原辅料的可追溯性可以理解为其采购的来源地;肥料、农药的使用情况;白酒加工过程中的投入情况(包括投入的数量、批次以及白酒的销售去向等)。而产品质量追溯体系是指以实现对某些产品的历史、应用或位置"正向可跟踪、反向可追溯"为目标,建立的由涵盖产品生产、检验、储运、销售、消费、监管等各环节的信息记录、存储、跟踪系统组成的有机整体。其目的在于通过体系的运转,实现对产品来源可追溯、生产可记录、去向可查证、责任可追究。

企业积极推进原辅料生产流通方式的转变,推广采用"企业+基地+农户"的生产模式。通过建立原材料生产基地的模式,对所使用的土地进行编号,对种植区域的地理环境、种子的选用、排灌,化肥和农药使用的名称、数量、频率、使用日期及收货日期等方面对原辅料生产进行全方位的数据控制,建立完善的生产档案记录,从而保障原辅料质量安全。

可见,按照国家食品药品监督管理总局的要求,连原材料的产地、种子、化肥等都要进行记录监控,何况作为重要酿酒原料之一的酒曲,更应该是记录和监控的重点。

酒曲在终产品不标示,对酒曲是按照原料标准审查管理还是加工助剂标准管理呢？这两类产品审查差别很大，由于未能给酒曲定性，可能形成管理上的空白。希望国家相关部门能够给出明确的答案。

九十二、全国品酒师大赛5大难

2016年3月16日，2016中国国际酒业博览会"酒城论剑·品酒争霸"全国品酒师大赛圆满落下帷幕。来自全国27个省市区119家企业的209名省级以上白酒评委相聚酒城泸州，纷纷拿出看家本领，一决高下。经过两天紧张的角逐，来自泸州老窖股份有限公司的邵燕凭借突出的品酒技能和优秀的判断力获得本次竞赛的冠军，江苏洋河酒厂股份有限公司的袁晔、陈静分别获得此次比赛的亚军和季军。本次品酒技能竞赛由中国酒业协会举办，旨在促进行业技术人才相互学习，共同提升专业技能。竞赛采用五杯法，共计十二个轮次，选手们要在规定时间内通过眼观、鼻嗅、口尝等方式品鉴出各酒样的香型、发酵剂、酿酒设备、酒度、等级、质量排序等9项内容。

1. 作弊难

本次全国品酒师比赛，没有采用通常考试的编号方法，12345五杯杯号，而是采用了四位编码方式，每一杯酒都有自己独特的数字编码，例如1号杯编码可能是2315，2号杯是3628，等等，也就是说没有一位选手手中的杯号是相同的，改卷子时候这四位编码通过解码再转换为12345杯号。这样即使是前后左右的选手，也不可能知道别人的杯号排序代表意义。而且本次比赛每一轮都没有任何提示，不像其他品评考试会告知本轮考试是浓香、酱香质量差，还是香型鉴别，或是酒度差识别，等等。

2. 质差难

质量差是把 5 杯酒按酒质优劣排出顺序。以往的比赛考试，质量差都会告知是什么香型的质量差，而且都只有一种香型。本次大赛质量差排序，第一轮就出现了大曲清香、麸曲清香，而且有一杯酒的清香是使用大曲、麸曲共同作为发酵剂的，判断极难。要根据质量判定，给出分数，并定出优级、一级、二级。其中优级 ≥ 93，一级在 90 ~ 93 分之间，二级 ≤ 90 分。重现是找出同轮 5 杯酒中完全相同的两杯或者以上酒。第一轮考试中就出现了两组重现的酒样。

3. 香型难

香型鉴别一直是得分比较容易的题目，但是本次比赛的第九轮中，除了有米香型、老白干香型、芝麻香型、兼香型之外，还出现了较为少见的芝兼浓香型。扳倒井芝麻香兼浓香型白酒的生产工艺特点如下：一是在芝麻香型传统原料的基础上，适量加入玉米、大米、糯米和小米。这种原料的复合性形成了微量成分的多样性，增加了芝麻香酒的复合香气。二是将芝麻香型白酒的堆积工艺与浓香型白酒陈年老窖技术相结合。将浓香型大曲酒的"窖香浓郁，绵甜净爽，回味悠长"和芝麻香型白酒的"芝麻香气幽雅纯正、醇和、谐调，余味悠长"的特点进行了完美的结合和相互融合。

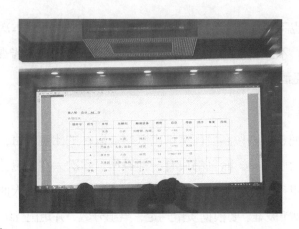

4. 再现难

再现是找出本轮中与前某轮中完全相同的一杯或以上酒。一般的比赛考试再现，都是上午出现的酒样下午再现，而且再现的数量比较少，一般是1～2杯。而本次比赛的再现，出现了第二天下午的酒样，分别重现第一天上午、下午的酒样。例如16日下午的第十二轮，1号杯再现了前一天上午第二轮的3、4号杯，而3、4号杯又是同样的酒重现。2号杯再现了第二轮的3、4号杯。同时1、2号杯也是重现。这个题目非常复杂。

5. 阅卷难

除了选手比赛考试难，监考老师的阅卷也很难。阅卷时候，先要把每个四位码解码成为12345的杯号，然后判卷。由于每轮考试题目很复杂，为了避免选手出现猜题的情况，阅卷时候答对给分，答错扣分，然后根据每一项的得分扣分情况给出分项目的得分，然后再统计总分。同时在比赛完成的当天下午2小时之后，就要给出209位选手的成绩，时间极其紧张。

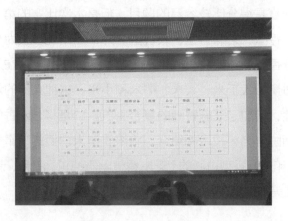

九十三、国家标准之间的矛盾，我们该听谁的?

最近白酒圈的很多事件闹得沸沸扬扬，弄得大家一提到白酒就是酒精加香精的低劣产品印象，实际上很多白酒企业的产品质量控制是很严格的，但是既然出现了很多负面影响的事件，那么我们就来给大家普及一下相关知识，这些事件实际上反映了消费者对白酒标准的认识有了很大进步，同时也反映了我们在制定标准的时候出现的矛盾，也就是政出多门，无从适应。

1. 政出多门，标准之间的矛盾

现行有效的国家标准 GB7718—2011《预包装食品标签通则》（中华人民共和国卫生部发布，2012 年 4 月 20 日实施）在条文 2.3 中规定标注的配料是指"在制造或加工食品时使用的，并存在（包括以改性的形式存在）于产品中的任何物质，包括食品添加剂。"而国家食品药品监督管理总局关于进一步加强白酒质量安全监督管理工作的通知（食药监食监一〔2013〕244 号）规定，不准将液态法白酒、固液法白酒标注为固态法白酒。使用食用酒精勾调的白酒（液态法白酒），其配料表必须标注食用酒精、水和使用的食品添加剂，不得标注原料为高粱、小麦等。以固态法白酒（不低于 30%）、食用酒精等勾调而成的白酒（固液法白酒），其配料表必须标注使用的液态法白酒或食用酒精等内容，不能仅标注为高粱、小麦等。

那么问题来了，有些酒厂中液态法白酒生产中使用的食用酒精可能有如下两种情况：①有用食用酒精放在甑底锅，经过酒糟醅串香蒸馏，而将原酒糟醅中残余的酒和香气组分带入食用酒精而得到白酒。这样液态白酒的产品中就有固态白酒的组分了，当然也就是有原料高粱、小麦的那部分白酒。②还有为了提高液态白酒质量，食用酒精勾兑过程中加入少量固态法白酒组分的情况。根据国家标准 GB7718—2011，必须标识出存在于产品中的任何物质，所以就必须要标注食用酒精、食用香料、水、高粱、小麦等。但是根据食药监食监一〔2013〕244 号规定，则只能标注食用酒精、食用香料、水。这两个规定与标准发布相隔仅仅 1 年，都是现行有效的规定，企业到底听谁的?

国家的标准体系建设，正在朝着理顺、收拢、协调的方向发展，现行的标准由于出自不同的国家管理部门，往往有着冲突的地方。甚至于同一个标准中，由于涉及国内外的情况，都有着区别对待的情况。例如说GB2757—2012《蒸馏酒及其配制酒》规定，粮谷类甲醇含量小于等于0.6g/L，其他小于等于2.0g/L，而国家卫生和计划生育委员会在2013年6月21日发布《国家卫生计生委关于龙舌兰酒公告的说明》，同意对龙舌兰酒按照进口尚无食品安全国家标准的食品进行管理，龙舌兰酒的甲醇限量不得超过3.0g/L，其他安全指标及检验项目和检验方法按照食品安全国家标准《蒸馏酒及其配制酒》（GB2757—2012）执行。这就是说，外来的和尚好念经，同样是甲醇这一有害物质，洋酒就可以放宽标准。实际上这些都存在着争议，随着国家标准化建设的进程加快，标准也会走向协调统一。

2. 什么是液态法、固态法、固液法白酒？

固液法生产，就是在粮食酿造的酒中，加入食用酒精勾兑。20世纪90年代末，白酒勾兑技术被许可，这样白酒行业的所谓固液法生产，就是在粮食酿造的酒中，加入食用酒精勾兑，以固态法白酒（不低于30%）、液态法白酒勾调而成的白酒。

而固态法白酒是指以粮谷为原料，采用固态（或半固态）糖化、发酵、蒸馏，经陈酿、勾兑而成的，未添加食用酒精及非白酒发酵产生的呈香呈味物质，具有本品固有风格特征的白酒。

液态法白酒以含淀粉、糖类物质为原料，采用液态糖化、发酵、蒸馏所得的基酒（或食用酒精）。可用香醅串香或用食品添加剂调味调香，勾调而成的白酒。

这里特别要说一下香醅串香，有些液态法白酒并不完全是使用食用酒精加香精的，也有用食用酒精放在甑底锅，经过酒醅醅串香蒸馏，而将原酒醅醅中残余的酒和香气组分带入食用酒精而得到的白酒。这样液态白酒的产品中就有固态白酒的组分了。

3. 液态法白酒标注高粱、小麦的问题？

液态法白酒标注原料高粱、小麦等，这一问题早就存在，行业也一直在尽量自律规范。因为有些大酒厂为了保证声誉和质量，生产的液态法白酒与固液法白酒的区分没有那么明显，在勾调中除了食用酒精，也使用了少量固态发酵的酒，这样有人认为标注原料中有高粱、小麦等也勉强能说通，算是打了擦边球，也确实不能说就完全不对。但是严格来说，企业要按照食药监食监一〔2013〕244号规定，《中华人民共和国食品安全法》《食品标示管理规定》《食品安全国家标准蒸馏酒及其配制酒》（GB2757—2011）等标准规定，不准将液态法白酒标注为固态法白酒。使用食用酒精勾调的白酒（液态法白酒），其配料表必须标注食用酒精、水和使用的食品添加剂，不得标注原料为高粱、小麦等。实际上有些大型酒厂早就在2012年意识到了这一问题，并在新生产的酒标注上恢复了"水、食用酒精、食用香料"。企业本着对消费者的负责任态度，已经是在努力挽回这一事件带来的影响，而且也一直在着力加大质量控制体系的建设。

4. 要着力整治小酒厂的乱象

中国白酒的市场中，既有茅台、五粮液、洋河、泸州老窖这样的中流砥柱名优企业，也有很多小企业甚至是小作坊。国家监督部门每年抽检白酒发现的问题，大多数都集中在小酒厂，因为这些小酒厂或者是作坊，没有严格的质量控制体系，而且从利益最大化的角度来说，也往往为了抬高价格而故意将全部是用食用酒精加香精生产的液态法白酒，标注原料为高粱、小麦等。而这些酒厂的产品打一枪换一个地方，采取打游击的方式，往往也让国家监管部门难以处罚。今后加强对小酒厂的整治，是一个重要的方向。

总之，随着国家标准体系建设的完善，国家标准之间的冲突会逐渐减少，改变过去政出多门的情况，让大家都能有一套完善的标准可依。我们也要加大对白酒科学常识的宣传，让酒厂自律，让消费者有火眼金睛，这样中国白酒才能良性发展，越来越好。

九十四、青青稞酒纽甜事件的几点看法

国家食品药品监督管理总局网站2016年4月21日发布《青海省食药监局2016年食品监督抽检不合格产品信息公告》显示，青青稞酒等4家公司共5个产品均检出纽甜超标。据报道神仙酿酒（窖藏）和青稞王酒是青青稞酒的低端产品，主要在青海省内销售。这个事件引起了上市公司的波动，很多人认为青青稞酒又一次引发了大众对白酒的不信任，但是我想把客观的事实给大家分析一下，看看纽甜事件到底是什么情况。

1. 纽甜在发酵酒里面可以添加（固态法除外）

作为一种功能性甜味剂，纽甜对人体健康无不良影响，起有益的调节或促进作用。早在 1998 年 12 月纽甜作为食品甜味剂低温的申请已在美国提出。已于 2002 年 7 月 9 日通过美国 FDA 食品添加物审核，允许应用在所有食品及饮料。欧盟于 2010 年 1 月 12 日正式批准其应用，其指定代码为 E961。中华人民共和国卫生部 2003 年第 4 号公告也正式批准纽甜为新的食品添加剂品种，适用各类食品生产。

《食品国家安全标准 食品添加剂安全标准》GB2760—2014 于 2015 年 5 月 24 日正式实施。纽甜在 GB2760—2011 里是没有限制添加量的，但在 GB2760—2014 里面是有详细的添加量的，发酵酒（15.03.01 葡萄酒除外）：0.033g/kg 最大使用量。

虽然国家规定发酵酒可以添加 0.033g/kg 最大使用量的纽甜，但是固态法白酒是不允许添加非白酒发酵产生的呈香呈味物质，所以青海省食药监局检定的标准是不得检出。估计出问题的白酒瓶标上标注的是固态法生产。

青海省海东市市场监督管理局在事后现场检查中，未发现其购买、使用和添加"纽甜"状况，青海省食品药品监督管理局在公告里称是包装及运输中的二次污染。专家分析认为，"检出的'纽甜'可能出现在自制纯水设备定期清洗过程中使用柠檬酸或加工助剂（活性炭、硅藻土）在包装及运输过程中可能产生二次污染，带入了微量的'纽甜'成分，导致该批次产品中检出纽甜"。这也是可能的。

2. 要区别纽甜和甜蜜素、糖精钠

甜蜜素、糖精钠在白酒中（除配制酒）禁止添加，对身体有害。而纽甜在 GB2760—2014 里面是有详细的添加量的，发酵酒（15.03.01 葡萄酒除外）：0.033g/kg 最大使用量。

甜蜜素的化学名称为环己基氨基磺酸钠，是一种常用甜味剂，其甜度是蔗糖的 30 ~ 40 倍。消费者如果经常食用甜蜜素含量超标的饮料或其他食品，就会因摄入过量对人体的肝脏和神经系统造成危害，特别是对代谢排毒的能力较弱的老人、孕妇、小孩危害更明显。甜蜜素是食品生产中常用的添加剂，但按照规定，白酒中不得检出。据了解，甜蜜素虽然溶于水和丙二醇，但几乎不溶于乙醇（也就是酒精）、乙醚、苯和氯仿等。

糖精钠的化学名称是邻苯甲酰磺酰亚胺钠，又称可溶性糖精。糖精的甜度为蔗糖的 300 ~ 500 倍，在各种食品生产过程中都很稳定。过量食用糖精钠会

影响人的肠胃消化酶的正常分泌，降低小肠的吸收能力，还会对肝脏和神经系统造成危害。根据国家相关标准规定，糖精钠在白酒中禁止添加。

3. 白酒中甜味怎么来的？

既然在固态法白酒中不能添加甜蜜素、糖精钠等甜味成分，那么白酒中的甜味是怎么来的呢？白酒的甜味主要来于白酒中自身所有的醇类，特别是多元醇，例如丙三醇（甘油）、2,3-丁二醇、赤藓醇（丁四醇）、阿拉伯糖醇、甘露醇等。这些多元醇不但产生甜味，还因为它们都是黏稠体，能给酒中带来丰满的醇厚感，使白酒口味软绵。那么如何使得甜味不足的酒体变得醇甜呢？这个就要以调味酒勾兑了。

九十五、中酒协发布固态白酒原酒标准解读

2016 年 8 月 15 日上午，中国酒业协会在官网正式发布固态白酒原酒标准。此标准涵盖酱香、浓香、小曲清香。分别包括中国酒业协会团体标准《固态法酱香型白酒原酒》《固态法浓香型白酒原酒》《固态法小曲清香型白酒原酒》。作为中酒协标委会委员，参与该系列标准的审核者之一，我来给大家简单解读一下标准。

1. 为什么要制定固态白酒原酒标准？

为保障我国白酒原酒质量安全，促进白酒产业健康有序发展，中国酒业协会于 2015 年 11 月下达了《固态法酱香型白酒原酒》《固态法浓香型白酒原酒》《小曲固态法白酒原酒》团体标准制定计划，由中国酒业协会白酒标准化技术委员会归口，中国酒业协会、四川发展纯粮原酒股权投资基金、中国食品发酵工业研究院等负责组织起草工作。固态法白酒原酒是中国白酒产业价值链的上游部分，具有地域性及不可复制性的特点。不同地域的白酒生产企业为了改善产品质量及香、味成分互补的需求，会通过流通市场交流传统白酒规模生产区域的固态法白酒原酒。目前，我国白酒标准体系中尚未制定原酒产品质量标准及管理标准，为加强我国固态法白酒原酒行业管理，推动白酒产业的交流与合作，保障固态法白酒原酒质量管理和安全追溯体系，促进行业健康有序发展，中国酒业协会根据《中国酒业协会团体标准》章程及有关政策要求提出并制定本标准。

2. 标准是如何诞生的？

2015 年 11 月 26 日，中国酒业协会固态白酒原酒委员会、四川发展纯粮原酒股权投资基金在四川泸州成立；讨论并初步确定了固态白酒原酒质量标准的基本思路。

2015 年 12 月，中国酒业协会固态原酒委员会组织相关专家前往四川、湖北、河南、山东、江苏等原酒使用大省开展调研。与生产企业、质量监督部门共同探讨原酒产业及标准制定工作。对原酒标准中的主要问题和下一步需要开展的工作进行了安排。与此同时，中国酒业协会固态原酒委员会根据国内原酒产业情况，组建了标准起草工作组，集中了国内与白酒原酒产业相关的重要技术机构和生产企业。

2015 年 12 月 22 日，中国酒业协会、四川发展纯粮原酒股权投资基金、中国食品发酵工业研究院的专家代表就调研情况进行讨论，细化了固态白酒原酒质量标准及其配套标准的框架和内容。会后，中国食品发酵工业研究院根据会议达成的一致意见形成了具体的制定方案与工作计划，提出了标准草案。

2016 年 4 月，中国酒业协会 2016 年会在京召开，起草工作组向白酒行业汇报标准起草情况，并进一步征求生产企业和行业专家的意见。

2016 年 5 ～ 6 月，起草工作组在上述研究基础上，形成了征求意见稿。

2016 年 7 月，起草工作组在根据行业反馈意见，认真修改草案，并最终形成标准送审稿。

3. 制标原则和感官评定方法

（1）制标原则

① 标准要具有科学性、先进性和可操作性。

② 保证固态白酒原酒安全性、真实性、品质要求。

③ 与相关标准法规协调一致。

④ 要结合国情和原酒产品特点，促进行业健康发展与技术进步。

（2）感官评定方法　原酒评价采用盲评，样品为随机编码，7 名品评人员从中国酒业协会品酒委员库随机抽取，按照色泽、香气、口味口感、风格等方面评价，总分为 100 分。根据得分分为特级、优级、一级、二级、三级，共五级。为保证评价人员结果有效性，通过设置重复样或者标准样对结果进行检验，评价结果是否可信采纳。

4. 标准关注的地方

（1）原酒真实性　以酱香型白酒为例，对于原酒的真实性要求，不得不提的是因白酒产品的特殊性，存在较大的利润空间和较低的造假成本，有些不法厂家、商贩缺乏诚信，仿冒传统白酒，以次充好，掺杂使假，以假乱真，由此损害到消费者利益，扰乱市场，标准中加入真实性的要求其重要性也是不言而喻。随着稳定同位素技术、微量元素分析等多种现代分析技术的进步，酒类真实性检测技术得以快速发展，同时相关标准的建立和完善，通过技术手段对于原酒的真实性进行有效判别，还原原酒的真实性身份，也是通行的做法。标准中提出了通过建立固态白酒原酒风味组分数据库和同位素数据库来综合判断酱香原酒真实性。其中，原酒风味组分数据库是基于传统固态白酒原酒所具有的特定风味指纹图谱，利用气相色谱测定产品挥发性风味组分，建立原酒风味指纹图谱数据库，用以检验不同批次原酒产品的真实性。同时，标准也提供了判断原酒是否存在添加外源乙醇或外源呈香呈味物质的可能性的方法，主要基于原酒的稳定碳同位素特征与其生产原料、工艺密切相关，采用稳定同位素质谱测定白酒中乙醇及微量醇酯的 $^{13}C/^{12}C$ 比值，由此建立传统酱香型白酒发酵用粮、用曲、酒醅及原酒的碳同位素数据库来综合判定。

（2）食品安全　本标准中提出了 8 项食品安全指标和 2 项食品安全风险监测指标。其中在 8 项食品安全指标中对甲醇、氰化物、铅和氨基甲酸乙酯提出了限量要求，对阿斯巴甜、糖精钠、乙酰磺胺酸钾（又名安赛蜜）和环己基氨基磺酸钠（又名甜蜜素）提出不得检出的要求。与《食品安全国家标准 蒸馏酒及其配制酒》（GB 2757—2012）中规定的甲醇和氰化物的限量标准 $\leqslant 0.6g/L$ 和 $\leqslant 8.0mg/L$ 相比，本标准中甲醇的限量标准与国家标准一致，而氰化物则要求 $\leqslant 4.0mg/L$，是国家食品安全标准的一半，可见对氰化物的限量更加严格。在国标（GB 2757—2012）中并无对铅、氨基甲酸乙酯的硬性限量要求，而本标准中对铅提出的限量要求为 $\leqslant 0.5mg/L$（以 Pb 计），氨基甲酸乙酯为 $\leqslant 0.5mg/L$，更突出了对原酒食品安全的高标准、严要求。这两个指标的限量标准应该是通过充分论证后提出的，铅的限量指标与《食品安全国家标准 食品中污染物限量》（GB 2762—2012）中提出的要求蒸馏酒中铅限量

≤ 0.5mg/kg 相符合。在查阅国内相关标准中，目前仅有《食品安全国家标准 食品中氨基甲酸乙酯的测定》（GB 5009.223—2014）中规定了白酒等酒类中对氨基甲酸乙酯的测定，并无对酱香型原酒中氨基甲酸乙酯的限量标准，与国外的法国、德国和瑞士对水果白兰地中氨基甲酸乙酯的上限 1mg/L、0.8mg/L 和 1mg/L 相比，本标准上限仅为 0.5mg/L，相对来说更加严格。

九十六、详解中酒协白酒中青年专家培养计划

中国酒业协会白酒中青年专家培养计划，将聘请专家团队对推荐人才就白酒酿造工艺、科研、产品研发进行为期 3 ～ 5 年的全面培训，形成白酒酿造领域高层次领军人才的重要储备，并提出拟对参加人员培训效果实行考核机制。选择中青年专家范围为中国白酒产业技术创新联盟的企业，每个企业限推荐 1 人参加培养。

针对"白酒青年专家培养"，正如宋书玉秘书长指出的，将会对具有国际品酒能力的人员进行专业培训，使有外语能力的品酒人员今后能在国际上宣传和推广中国白酒的品评和文化；秦含章基金将会为人才培养投入资金支持；中国酒业协会将举行一系列论坛，中青年骨干人才可以积极参加，以提高业务水平。

1. 中国食品发酵工业研究院

2017 年 6 月 12 日，由中国酒业协会、中国食品发酵工业研究院联合举办的"中国酒业协会白酒中青年专家培养计划"项目培训会（以下简称"白酒青年专家培养"）和第六届酒类食品安全标准宣贯培训会暨酒类食品安全高峰论坛（以下简称"酒类培训会暨高峰论坛"），在北京二十一世纪饭店隆重开幕。来自食品安全相关主管部门、食品安全国家标准起草单位的领导和专家围绕以下议题进行了交流。

① 食品安全法规、酒类食品安全标准、风险监管与监测、风险评估、食品安全控制技术标准等。

② 食品安全国家标准发酵酒及其配制酒、啤酒及其配制酒和蒸馏酒及其配制酒生产卫生规范等。

③ GB 7718—2011 食品安全国家标准预包装食品标签通则和最新修订的浓

香型白酒国家标准。

④ 食品安全国家标准酒类产品中食品安全相关等检测方法标准宣贯培训，"白酒青年专家培养"。

⑤ GB/T 33404—2016 白酒感官品评导则、GB/T 33405—2016 白酒感官品评术语和 GB/T 33406—2016 白酒风味物质阈值测定指南。

⑥ 稳定同位素技术在酒类食品真实性鉴别中的应用等项目开展培训（其中感官标准和稳定同位素技术为"白酒青年专家培养"培训内容）。

2. 中国农业大学

由中国酒业协会和中国农业大学食品科学与营养工程学院主办的"中国酒业协会白酒中青年专家培养计划"之《食品生物技术》与《食品化学》专题培训于 2017 年 6 月 17 日至 22 日在北京展开。

本次培训将以食品生物技术与食品化学领域前沿技术在白酒行业的应用为培训主要内容，邀请中国农业大学相关专家围绕分子克隆技术、色谱检测技术、酶学理论基础、生物信息学基础、饮酒与过敏，风险评估等方面进行专题学术报告与交流，并进行相应实验操作培训。

3. 江南大学

中国酒业协会联合江南大学于 2017 年 7 月 20 日至 25 日在无锡举办"中国白酒最新酿造理论与实践培训班"。

本次培训将设置三个单元。

① 前沿研究与理论课程（江南大学及国际著名专家授课）。

② 传统工艺精髓分析（特邀经典浓香型、清香型、酱香型白酒酿造大师授课）。

③ 青年专家素质提升与训练（人文、哲学著名教授授课和学员论坛）。

相信通过中酒协和知名科研院所等持续 3～5 年的努力，加上各大酒厂的全力配合，一批中青年白酒技术专家将逐渐成长起来，成为中国白酒持续健康发展的重要中坚力量！

九十七、强国崛起下的中国白酒国际化

2017 年 10 月 15 日，在法国第二大报《世界报》的法文头版报道中出现了

六个醒目的中文大字：中国，强国崛起。当天，《世界报》一期报纸用了八个版面的篇幅专门讲述"中国，强国崛起"的故事，这样的做法实属罕见。以法国为代表的西方列国发出了中国强国崛起的声音，说明了中国的综合实力已经举世瞩目。在第一部分，《世界报》清晰地写道："我们已经进入了中国世纪。"这样的评价出自老牌欧洲国家法国之口，似乎可以代表着外界对于发展迅速的中国的普遍看法。那么在强国崛起下的中国世纪，中国白酒如何进一步走向国际化？

1. 白酒国际化的要素

（1）白酒产品多元化和酿造过程智能化　白酒产品的酿造过程智能化可以使得发酵过程可控，配料配比可控，从而使得生产的白酒产品多元化。

酿造车间智能化生产管理系统包括设备层、控制层、生产管理层 MES（制造执行系统）和公司 ERP 层（企业资源计划系统）。预期将实现以下相关功能：生产过程监控、质量分析、能源管理、性能分析、设备管理和成本分析。

（2）白酒市场国际化和酒体设计数字化　当前白酒市场越来越国际化，西方国家对于白酒的需求也越来越大，但是中国白酒由于固有的香型特点，酒体设计比较单一。针对不同国家，不同消费场景需要有不同的酒体，这就需要酒体设计数字化，通过大数据智能调酒来满足不同国家、场景的消费者需要。

（3）白酒消费多极化和产品载体自媒体化　自 2012 年开始，中国白酒行业从"黄金十年"进入深度调整期——产能过剩、集中度低、动销困难使不少企业对未来的发展陷入迷茫。产品该如何做？产品该如何卖？产品该如何找到消费者？在白酒消费多极化的情况下，产品载体自媒体化是有很强的传播优势的，对于扩大产品销路，甚至走向国际化的传播，都有着重要的作用。以互联网第一款白酒产品"三人炫"为例，"三人炫"匠人版在品牌传播和营销方面确定了独具一格的新策略：强化微信、微博自媒体营销，强势植入、跨品牌联合、圈层营销、全新的互动方式……一款 2.0 版的"三人炫"正在到来。

2. 白酒国际化的人才保障

2017 年 9 月 9 日，经历五年筹备的茅台学院正式举行挂牌仪式，学校全日制在校生规模暂定为 5000 人。首批设置本科专业 5 个，即酿酒工程、葡萄与葡萄酒工程、食品质量与安全、资源循环科学与工程、市场营销。9 月 17 日，四川理工学院（现四川轻化工大学）白酒学院开学庆典举行，该学院坐落于宜宾市，与五

粮液集团在同一城市。宜宾大学城的四川理工学院白酒学院，校区面积近2000亩，比四川理工学院的另外三个校区加起来都大。白酒学院设酿酒工程（白酒方向）、食品质量与安全、食品科学与工程专业、酿酒技术、食品营养与卫生等专业。

　　随着茅台学院、四川理工学院白酒学院等一批新兴白酒专业学院的开始招生，可以预见的是在将来，中国白酒的人才繁荣时代到来了，中国白酒会更快实现"四化"发展，中国白酒的理论化体系化进程将加快，白酒国际化将更加容易。

九十八、习总书记关心的人民小酒有着什么样的技术团队支撑？

2017 年 10 月 19 日上午，习近平总书记来到他所在的党的十九大贵州省代表团，同代表们一起审议党的十九大报告，共商决胜全面建成小康社会、夺取新时代中国特色社会主义伟大胜利的大计。

习近平对贫困地区发展脱贫产业特别关心。

当得知盘州还建有一个酒厂，1012 户村民入股，带动村民脱贫致富，习近平十分高兴。他问："你的叫什么酒？"

"岩博酒。"余留芬答。

"白酒？多少度？价格怎么样？"习近平继续问。

"对，白酒。我们的价格就是老百姓喝的，定位是'人民小酒'。"余留芬说。

"我是问价格多少？"习近平追问。

"我们只卖 99 元。"余留芬说。

"99 元也不便宜了。不在于贵，太贵的酒反而不一定卖得好。"

"谢谢总书记指导，我们一定按您的指示去做。"

"这是市场问题，要按市场来。不能我一说你就按 30 卖了。"

会场上发出了一阵阵会心的笑声。

给老百姓喝的酒质量一定要好，那么岩博酒到底有着什么样的技术团队支撑？2004 年，余留芬张罗建起了村小锅酒厂，年产 200 吨土酒，市场上供不应求。2012 年，余留芬启动酒厂改扩建，请来白酒泰斗季克良作为酒厂顾问，村酒厂华丽转型，正式更名为贵州岩博酒业有限公司。作为岩博村村办集体企业，岩博村及周边村寨有 120 余人在酒厂上班，岩博、鱼纳、苏座 3 个联村共 930 户 2781 人参与岩博酒业入股分红。

2017 年 6 月份，岩博酒业推出限量版纪念酒——"人民小酒"，作为盘州市成立的献礼。

岩博酒除了有中国白酒泰斗季克良做顾问，还有众多知名专家为其品质把关，造就了其品质过硬，价格适中的产品。在 2017 年 7 月 15 日下午，由季克良、周新虎、范德泉、傅若娟、方长仲、邱树毅、封家文等 7 位中国白酒权威专家、大师组成的专家组对岩博酒业进行了调研、考察。随后，还就"小锅香"产品的三组酒样进了品评，并给出了专家评语："酒体清亮透明，清酱协调，香气幽雅，醇厚丰满，细腻柔顺，回味悠长，具有本品独特风格"。专家们表示："岩博'小锅香'风格独特，是酒体品类创新的典型代表。"

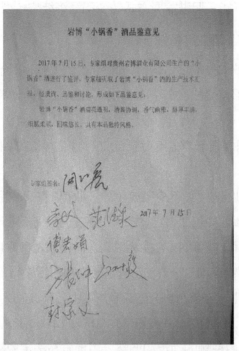

上述 7 位专家除了周新虎大师为江苏洋河总工程师之外，其余 6 名大师均为在贵州的全国知名白酒评委和技术专家，既有贵州茅台酒厂名誉董事长季克良这样的资深泰斗，又有贵州大学酿酒与食品工程学院邱树毅院长这样的博士、教授，整个贵州白酒技术团队都在为岩博酒的品质提升而努力。

在如此强大的技术团队支撑之下，岩博酒人民小酒一定能够做到习总书记所期望的，价格亲民，品质过硬，带领贫困村民脱贫致富。

九十九、环保税开征对白酒行业的影响有多大？

2018 年 1 月 1 日《中华人民共和国环境保护税法》正式实施。相比于此前的排污费，即将征收的环保税范围有所扩大、力度也更大，全国大部分省份已确定具体税额。据预测，环境税每年征收的规模将达 500 亿元。

环保税为什么如此重要？在重庆诗仙太白诗众酒业总经理邹江鹏博士看来，

新环境保护税法的执行将从包装、酿造等环节直接推高酒类企业的环保成本。其更大意义在于，在国家对环境保护保持高压态势的背景下，小作坊、小企业要么遭遇"环境一票否决制"，要么因为环保成本增加而被市场淘汰，从而推动酒行业淘汰落后产能，促进发展方式转变和经济结构转型升级。

1. 环保税来了！酒业准备好了吗？

专门性环境保护税开征之后，新环保税有望成为环境治理的一大利器。

根据环保税的重点监控（排污）纳税人范围，包括火电、钢铁、水泥、电解铝、煤炭、冶金、建材、采矿、化工、石化、制药、轻工（酿造、造纸、发酵、制糖、植物油加工）、纺织、制革等重点污染行业的纳税人及其他排污行业被纳入重点监控范围。

对照酒行业产业链来看，不少酒业相关产业都将进入纳税范围，既包括酿造、发酵等直接生产环节，又包括煤炭、冶金、造纸等上游环节。

在纳税标准方面，"污染物的应纳税额为污染当量数乘以具体适用税额"。如大气污染物每污染当量 1.2 ~ 12 元；水污染物每污染当量 1.4 ~ 14 元；固体废物按不同种类每吨 5 元至 1000 元不等，其中危险废物为 1000 元 / 吨；工业噪声按超标分贝数，每月按 350 元至 11200 元缴纳。税额上限为不超过较低标准的 10 倍。具体适用税额的确定和调整，由地方在法定税额幅度内决定。

据了解，北京、上海、天津、河北、山东、四川、贵州等地公布的税额标准处于相对较高的标准区间，其中不少都是酒类生产大省。例如，四川大气污染物适用税额为 3.9 元 / 污染当量，水污染物适用税额为 2.8 元 / 污染当量，均高于较低标准。

与此同时，新环保税法对企业环保违规行为加大了处罚和约束力度。例如，新法规定"按日处罚"，对违规企业的处罚力度增加数倍，"未批先建"也被视为一种严重违法行为。

以重庆啤酒为例，重庆啤酒旗下北部新区分公司在 2009 ~ 2013 年间曾因违法排放污水 151.71 万吨，被重庆市环境监察总队处以追缴违法排污费 1247.94 万元。时至今日，如果"按日处罚"，企业无疑将面对巨大的税费负担。

必须要指出的是，在新环保税"费改税"的前提下，原来欠费拒缴只是一般的催缴与处罚。而费改税后，偷税漏税、拒缴污染税款将被追究刑责，极大地增强了企业对环保法的遵从度。

2. 500亿环保税中白酒行业贡献多少?

根据中央财经大学估计,环保税开征后预计每年征收规模可达500亿元。那么其中白酒行业要贡献多少呢?

根据仁怀市环保局数据显示,茅台集团2017年前列季度缴纳排污费75.87万元,根据茅台集团产能和白酒行业2016年产能,可估算白酒行业仅排污费一项规模约在5.3亿左右。显然,"费改税"和执行新标准后,白酒行业环保税支出将有所增加。

由于缺乏测算依据,很难准确测算新环保税数值,但可以通过其他行业来推算大概规模。曾从有人估算,以一家年产值5000万元为基准的中型类制造企业,每年新环保税60 ~ 105万元,假设白酒的新环保税与其保持同等水平,那么就将产生近百亿的纳税。

实际上,与很多人印象中不同,酒行业是实实在在的能耗大户。例如,生产一吨酱香型白酒需要多少水?相信很多人会被答案震惊。按照贵州大学一篇论文测算,一个年产3750吨酱香酒的酒厂,每年要消耗约55万吨的水,此外还要产生7100多吨干酒糟。按照2016年白酒行业产能1358.4万吨来估算,全行业一年用水约达到20亿吨,约产生2.7亿吨干酒糟,足见规模之大。

不仅仅是环保税,国家层面正在推动资源税改革,同样将推动酒业资源税提高。以水资源税改革为例,北京、山东、四川等试点地区对地表水和地下水资源税进行了调整,白酒行业仅此一项估算可以产生上亿元规模的水资源税。

3. 不仅仅是缴税的问题,更重要在于要淘汰落后产能

对照白酒行业年销售超过6000亿来看,可能几十亿甚至上百亿的环保资源成本增加"不值一提",然而实际情况却是其所带来的深远影响。

一方面,新环保税、资源税改革将通过影响包装、物流等相关行业,通过成本层层传导,进一步提高酒行业的经营成本。在这一方面,酒行业在2017年已经体会了上游产业成本上涨带来巨大影响。年内,受制于环保停产、改造等原因,酒瓶、纸箱等供不应求,造成了酒类生产成本的提升。

"仅酒瓶、纸箱方面的成本就上涨了30%左右",邹江鹏从诗仙太白酒业的角度估算了成本增加。与邹江鹏的观点相印证,年内包括牛栏山、金徽酒、

高炉家等品牌的提价都指向了"包装材料成本上涨"。

另一方面，新环保税和资源税征收的背后是国家加强环保和资源利用的调控，将带来企业一系列成本的提升。其背后与排污许可证、排污权有偿使用和交易、污染物排放总量控制、环境影响评价等新制度相关联，根本目的是要倒逼企业治污减排，有可能会进一步加速市场洗牌，本就生存苦难的中小企业，终将会在越来越高的成本压力下退出市场，在行业产能优化的同时，进一步推高中低端白酒价格。

不仅仅是技改成本，还有"环境一票否决制"的重要影响。对于中大型企业，不少地区都要求与国家环保系统联网，一旦环保数据出现问题即要关停整改，甚至退出。

参考文献

[1] 李大和.白酒生产问答.北京：中国轻工业出版社，1999.

[2] 李大和.白酒勾兑技术问答.北京：中国轻工业出版社，2006.

[3] 李大和.低度白酒生产技术.北京：中国轻工业出版社，2010.

[4] 王延才.中国白酒.北京：中国轻工业出版社，2011.

[5] 肖冬光，赵树欣，陈叶福，等.白酒生产技术.北京：化学工业出版社，2011.

[6] 赖登燡，王久明，余乾伟，等.白酒生产实用技术.北京：化学工业出版社，2012.

[7] 杜连启，钱国友.白酒厂建厂指南.北京：化学工业出版社，2013.

[8] 朱元华，李雪梅.白酒分析与检测技术.北京：中国轻工业出版社，2015.